# パスキーのすべて
## 導入・UX設計・実装

えーじ
倉林雅
小岩井航介
［著］

技術評論社

本書に記載された内容は、情報の提供のみを目的としています。したがって、本書を用いた開発、製作、運用は、必ずお客様自身の責任と判断によって行ってください。これらの情報による開発、製作、運用の結果について、技術評論社および著者はいかなる責任も負いません。

本書記載の情報は2024年12月時点のものですので、ご利用時には変更されている場合もあります。

本書に掲載されているサンプルプログラムやスクリプト、および実行結果や画面イメージなどは、特定の設定に基づいた環境にて再現される一例です。

ソフトウェアに関する記述は、本文に記載してあるバージョンをもとにしています。ソフトウェアはバージョンアップされる場合があり、本書での説明とは機能内容や画面図などが異なってしまうこともあり得ます。本書ご購入の前に、必ずバージョン番号をご確認ください。

以上の注意事項をご承諾いただいた上で、本書をご利用願います。これらの注意事項をお読みいただかずにお問い合わせいただいても、技術評論社および著者は対処しかねます。あらかじめ、ご承知おきください。

本書に登場する製品名などは、一般に各社の商標または登録商標です。なお、本書中に™、©、®などのマークは記載しておりません。

パスワードに悩むすべての人へ

# はじめに

　2021年にAppleが開発者向けカンファレンスで「パスキー」という言葉を使い始めてから、インターネット上のサービスにおいて、パスキーによる認証が急速に利用できるようになってきています。Googleでは、2024年10月時点で8億人以上のユーザがパスキーを利用していると発表[注1]しているほか、Amazon、NTTドコモ、Sony、ニンテンドー、メルカリ、Yahoo! JAPANをはじめ名だたる企業のサービスがすでにパスキーによるログインを提供しています。

　これは、パスキーが今までのパスワードやSMS認証に代わって、セキュリティとユーザビリティを両立する、非常に優れた認証方式であるためです。特に、フィッシング攻撃への耐性は強力で、パスキーを導入した顧客がフィッシング被害を受けたという申告が0件であると公表しているサービスもあるほどです。

　認証の強度といえば、知識・所有・生体の三要素が基本で、要素が多いほうがより強力であるという考え方もありますが、昨今、脅威・リスクに対して有効な要素の組み合わせを考えることが重要になってきています。たとえば、二段階認証を突破するフィッシングが増えてきていることからもわかるとおり、「多要素だから安全」という考え方は成り立たなくなってきているのです。そして、インターネットの個人向けサービスにおける最大のセキュリティリスク[注2]である、フィッシングのリスクを大幅に削減できる認証技術として、パスキーが大きな注目を集めているのも不思議はありません。

---

注1　https://authenticatecon.com/authenticate-2024-day-2-recap/
注2　IPA情報処理推進機構が「情報セキュリティ10大脅威2023」の中で、個人向けの脅威の第1位として「フィッシングによる個人情報等の詐取」を挙げています。2024年からは順位がつかなくなりましたが、10大脅威の中にフィッシングは残ったままです。

それでも、まだ生まれて数年しか経っていないことから、仕様も急速に進化しており、実装のベストプラクティスも変化しています。既存のパスワードを使った認証から完全に脱却するには、まだまだ課題も残っています。

　本書では、そういった、パスキーの良いところも悪いところもできるかぎり取り上げ、実践的にパスキーを導入・運用するための知識を提供することを目指しています。パスキーの歴史から基本的なしくみ、ユーザー体験の設計、具体的な実装方法と注意点、さらに高度な使い方まで、幅広くカバーしています。

　本書を通じて、読者の皆様がパスキーについての理解を深め、より安全で使いやすい認証システムの構築に役立てていただければ幸いです。パスキーの可能性と課題を十分に理解し、適切に活用することで、インターネットサービスのセキュリティと利便性を大きく向上させることができるでしょう。

筆者一同
2024年12月

## 想定する読者層

ターゲットとなる読者層は、これから認証技術を勉強しようとしている人、業務で認証システムを担当することになりそうな人、実装しなければならない人や、カジュアルにパスキーに興味がある人を想定しています。

第5章から具体的なサンプルコードが出てきますが、パスキーは通常、ブラウザ上で動作するJavaScriptのAPIを経由して利用します。また、パスキーによる認証を完結させるにはサーバの処理も不可欠ですが、本書のサーバの処理に関する記述も、Node.jsで動作させるJavaScriptベースのサンプルコードを掲載しています。そのため、JavaScriptに理解のあるプログラマの方はより理解が深まるでしょう。

さらには、AndroidやiOSなどのネイティブアプリでもOSのAPIを呼び出して利用することができます。こちらについては第7章で概要を紹介します。

## 本書の構成と各章の概要

本書の構成は以下のとおりです。冒頭から順番に読み進めることを期待していますが、好きなところから読んでいただいてかまいません。特に、あなたの業務内容に応じて、以下の章を中心に読むことをお勧めします。

| 読者 | 重点的に読んでいただきたい章 |
| --- | --- |
| パスキーの導入を検討している<br>企画職・プロダクトマネージャ職 | 第1章〜第4章 |
| Webサイトのデザイン職・<br>フロントエンド開発職 | 第3章〜第5章 |
| Webサイトのセキュリティ担当、<br>認証関係の設計担当 | 第1章〜第4章、第6章、第8章 |

コラムでも、パスキーの全体像をつかむために有用な情報を紹介していますので、ぜひ忘れずにお読みください。

### 第1章：パスキー導入が求められる背景

パスキー以前に利用可能だったさまざまな認証方法について触れ、その特徴や課題について振り返ります。読者が携わっているサービスでパスキーを導入したいと提案する際に、想定される反論に対処するためにも、既存の認証方法と比較してパスキーがどうして優れていると言えるのか、パスキーに

足りない点があるとしたら何なのか、説明できる必要があります。

### 第2章：パスキーを理解する

パスキーを構成する標準仕様である、WebAuthnとFIDO2の登場について解説し、パスキーとは何か、その特徴や利点を解説します。パスキーが活用する技術要素についても簡単に触れ、しくみを理解したうえで、パスキーに対するよくある誤解を解いていきます。パスキーを理解するうえで避けられない用語についても解説します。

### 第3章：パスキーのユーザー体験

パスキーの登録、認証、再認証、管理画面などのパスキーが利用されるコンテキストごとのユーザー体験を紹介します。具体的な実装に入る前に、パスキーが導入されるシチュエーションや機能を使用する際の体験をイメージしておきましょう。

### 第4章：サポート環境

パスキーのサポート環境について、どのブラウザ、OSで、どのパスワードマネージャーと組み合わせて利用できるのか、それぞれの特徴を踏まえながら紹介します。

### 第5章：パスキーのUXを実装する

サービスやユーザーのユースケースで必要となる機能について、必須となるパラメータとともに、フロントエンド（Webページ）における実装方法について解説します。本来、パスキーの利用にはサーバが必要ですが、サーバの構築を待たずにフロントエンドのみでパスキーによる認証を試してみるためのコード例も紹介します。

### 第6章：WebAuthn APIリファレンス

パスキーの登録と認証に伴うWebAuthn APIやその結果の検証について、クライアントとサーバの視点で詳細に解説します。Node.jsをベースにしたサーバを動作させるためのコード例も紹介します。

### 第7章：スマホアプリ向けの実装

Android、iOSそれぞれのスマホアプリ内での認証にパスキーを利用する方

法について概要を解説します。

### 第8章：パスキーのより高度な使い方

パスキープロバイダを判別するためのAAGUIDの活用や、パスキーのサーバ上での状態変更を通知するためのSignal API、複数ドメインでパスキーを共有するためのRelated Origin Requests、さらに認証器の真正性を確認するためのAttestationなど、パスキーを高度に活用する方法について解説します。

さらに、将来的にパスキーが普及した後、既存の認証方法をどう扱っていくかについても解説します。

### 第9章：パスキー周辺のエコシステム

W3CやFIDOアライアンスといった標準化団体の役割、パスキーの重要な仕様の概要、そして実装をサポートする開発ツールやインターネット上の情報リソースなど、パスキーを取り巻くエコシステムの全体像を紹介します。

### 付録A：クライアント用Extensionの解説

WebAuthn仕様で現在定義されているクライアント用Extensionの一部について解説します。通常のパスキーの実装では使うことはないと思いますが、前方互換などの目的で必要となるかもしれません。

### 付録B：iOS実装サンプル

iOSの実装サンプルについて、ソースコードと動作方法を紹介します。

## ベースとする仕様

本書では、W3Cの策定するWebAuthentication仕様の実装について解説します。本書執筆時点での最新版はWeb Authentication: An API for accessing Public Key Credentials Level 2[注3]となっています。ただし、より実践的な実装方法を解説するために、現在策定中のLevel 3[注4]に取り込まれることが想定され、かつ1つ以上の主要なブラウザでサポートされる、もしくは近日中のサポートが予想される機能についても、積極的に掲載しています。その反面、場合に

---

注3 https://www.w3.org/TR/webauthn-2/
注4 https://www.w3.org/TR/webauthn-3/

よっては最終的に確定となる仕様が本書で取り上げている内容と差異が出る
可能性もあります。ご了承ください。

## サンプルコード

　パスキーの実装に関するサンプルコードは、すでにインターネット上に多
くのリソースが存在するため、実装全体を網羅するサンプルコードは本書で
は付属しません。

　例外的に、iOSアプリの実装サンプルについては、付録Bで紹介していま
す。

　インターネット上のリソースに関しては、第9章を参照してください。

## 本書の正誤表や追加情報について

　本書の正誤表や追加情報は、下記の本書サポートページをご参照ください。

https://gihyo.jp/book/2025/978-4-297-14653-5

# 謝辞

　本書の執筆にあたり、数多くの有識者の方々に貴重なお時間を割いてご協力いただきました。日々標準化団体やコミュニティで活動されている方々から、専門的な知識に基づいた鋭いご指摘を多数賜り、本書の内容が大きく改善されました。最新の仕様への準拠や、技術的な誤り、より適切な表現など、数多くの貴重なご意見をいただきました。皆様からいただいたご意見は、本書の章立てや内容構成の改善に大きく貢献し、より信頼性の高いものとなりました。

　皆様のご貢献に、改めて深く感謝申し上げるとともに、今後ともご指導ご鞭撻を賜りますようお願い申し上げます。敬称略・順不同。

- ritou
- 板倉 景子
- 大井 光太郎
- 狩野 達也
- 鈴木 智
- 土井 渉
- 服部 夢二
- 古川 英明
- 松本 悦宜

　上記の方々に加え、編集の菊池さんには本書を執筆する機会をいただいたこと、ご多忙にもかかわらず休日のお時間も割いていただいたこと、本書完成までの間、辛抱強くお付き合いくださったこと、感謝に尽きます。著者一同、厚く御礼申し上げます。

## パスキーのすべて
### 導入・UX設計・実装
## 目次

はじめに ......................................................................................................... iv
想定する読者層 ............................................................................................... vi
本書の構成と各章の概要 .................................................................................. vi
ベースとする仕様 ............................................................................................ viii
サンプルコード ............................................................................................... ix
本書の正誤表や追加情報について .................................................................... ix
謝辞 ................................................................................................................. x

## 第1章 パスキー導入が求められる背景
### 既存の認証方法とパスキーの背景を知ろう ............................ 1

### 1.1 パスワード .......................................................................................... 2
パスワード認証のしくみとその問題点 ............................................................. 3
 ユーザーが弱いパスワードを作ってしまう ................................................. 3
 ユーザーが同じパスワードを使いまわしてしまう ...................................... 4
 ユーザーがフィッシングサイトにパスワードを入力してしまう ................ 4
パスワードマネージャー .................................................................................. 4
 パスワードマネージャーを使うことの利点 ................................................. 5
 パスワードマネージャーの問題点 .............................................................. 5

### 1.2 二要素認証 .......................................................................................... 6
二要素認証とは何か ......................................................................................... 6
 認証の三要素と二要素認証 .......................................................................... 7
 二段階認証 ................................................................................................... 7
SMS OTP ......................................................................................................... 7
 送信コストの負担 ........................................................................................ 8
 SIM自体の安全性 ........................................................................................ 8
 フィッシング耐性 ........................................................................................ 9
メールOTP ...................................................................................................... 9
TOTP ............................................................................................................... 9
プッシュ通知 ................................................................................................... 10
セキュリティキー ............................................................................................ 11

ユーザー存在テスト ................................................................ 12
　　　フィッシング耐性 .................................................................. 13
　　　物理的制約 ........................................................................... 13
　　　FIDO2対応セキュリティキー .................................................. 13
　　　　**Column** NIST SP 800-63 ............................................... 14

## 1.3　パスワードレス　15
　　　マジックリンク ..................................................................... 15
　　　SMS認証 ............................................................................. 16

## 1.4　ID連携　17

## 1.5　まとめ　18
　　　　**Column** 公開鍵暗号をざっくりと理解する ........................... 19

---

# 第2章 パスキーを理解する
### パスキーの特徴や利点を理解しよう ............................. 21

## 2.1　WebAuthnとFIDO2の登場　22
　　　デバイス認証 ........................................................................ 24
　　　ローカルユーザー検証 ........................................................... 25
　　　デバイス認証の欠点 .............................................................. 27

## 2.2　パスキーの登場　28
　　　ディスカバラブル クレデンシャル ........................................... 28
　　　パスキープロバイダを使ったパスキーの同期 ............................ 30
　　　　　パスキーはどのようにして同期されるのか ......................... 30
　　　　　サードパーティのパスキープロバイダを利用する ............... 31
　　　同期パスキーとデバイス固定パスキー ...................................... 31
　　　本書でのパスキーの定義 ........................................................ 32
　　　　**Column** ディスカバラブルでないクレデンシャル ................ 34

## 2.3　パスキーの何が優れているのか　35
　　　リモート攻撃が難しい ........................................................... 35
　　　脆弱なクレデンシャルを作ることができない ............................ 35

公開鍵が漏れてもアカウントが盗まれる危険性は低い ... 36
フィッシング攻撃に強い ... 36
ログイン体験がシンプル ... 36

## 2.4 パスキーのよくある誤解を解く　37

デバイスを失くしたらパスキーが使えなくなるのでは？ ... 37
パスキーを使うと生体情報が収集されるのでは？ ... 37
パスキーはトラッキングに使うことができるのでは？ ... 38
パスワードマネージャーの事業者は秘密鍵にアクセスできるのでは？ ... 39
Webサイト側で保存する公開鍵は暗号化しておく必要があるのでは？ ... 39
同期パスキーよりも同期しないパスキーのほうが安全なのでは？ ... 40
パスキーは二要素認証で利用するもの？ ... 41
　Column　パスキーは多要素認証ではない場合もあるのでは？ ... 41

## 2.5 パスキーも銀の弾丸ではない　42

セッションCookieが盗まれたら？ ... 42
PINを盗み見たうえでデバイスを盗まれたら？ ... 43
パスワードマネージャーのログインアカウントが乗っ取られたら？ ... 43
パスキーにアクセスできなくなったら？ ... 44

## 2.6 まとめ　45

　Column　アカウントのライフサイクルとパスキーの関係性 ... 45

# 第3章 パスキーのユーザー体験
パスキーの体験をイメージしよう ... 47

## 3.1 パスキーによるアカウントの新規登録　49

## 3.2 既存アカウントへのパスキーの登録　50

ログイン直後にパスキー登録を促すプロモーションを表示する ... 51
　パスキー登録訴求の注意点 ... 51
　ケーススタディ ... 52
パスキーの管理画面にパスキー登録ボタンを表示する ... 53
アカウントリカバリ時に、新しいパスワードの代わりに
パスキー登録ボタンを表示する ... 53

パスキープロバイダからの誘導で登録する ..................................................... 53
　　パスワードログイン時に自動的にパスキーを登録する ..................................... 53

## 3.3　パスキーによる認証　54

　ワンボタンログインによるパスキー認証 ............................................................. 54
　　ケーススタディ ............................................................................................... 55
　フォームオートフィルによるパスキー認証 ......................................................... 56
　　ケーススタディ ............................................................................................... 56

## 3.4　パスキーによる再認証　57

　パスキーによる再認証フロー ............................................................................... 57
　　ケーススタディ ............................................................................................... 57

## 3.5　クロスデバイス認証　59

## 3.6　パスキーの管理画面　60

　パスキーの一覧 ....................................................................................................... 60
　　パスキーの名前とアイコン ........................................................................... 61
　　登録日時・最終使用日時・使用したOS ........................................................ 61
　　同期パスキーとデバイス固定パスキーのラベル ........................................ 61
　　名前の編集ボタン ........................................................................................... 62
　　削除ボタン ....................................................................................................... 62
　新規登録ボタン ....................................................................................................... 62
　テストボタン ........................................................................................................... 62
　ケーススタディ ....................................................................................................... 62

## 3.7　まとめ　65

　　Column　パスキーの他人との共有 ................................................................. 65
　　Column　クロスデバイス認証のしくみ ......................................................... 66

# 第4章　サポート環境
ユーザーの環境ごとに利用できる機能を確認しよう ............... 67

## 4.1　ユーザーエージェント　68

　ブラウザ ................................................................................................................... 68

xiv

| | | |
|---|---|---|
| | Chromium | 69 |
| | Gecko | 69 |
| | WebKit | 69 |
| ネイティブアプリ | | 70 |
| WebView | | 71 |
| アプリ内ブラウザ | | 72 |

## 4.2 パスキープロバイダ　72

### パスキーの保存先　73
- スマートフォン　73
- デスクトップ　73

### 主なパスキープロバイダ　73
- iCloudキーチェーン　74
- Googleパスワードマネージャー　74
- Windows Hello　75
- サードパーティパスキープロバイダ　76

## 4.3 OSごとの挙動　76

### Windows　77
- Edge　77
- Chrome　78
- Firefox　78

### macOS　78
- Safari　79
- Chrome　80
- Firefox　80

### iOS、iPadOS　80

### Android　82
- Chrome　82
- Edge　82
- Firefox　82

### ChromeOS　83

### Linux　83

## 4.4 まとめ　84

# 第5章 パスキーのUXを実装する
## UXの実現に必要なメソッドやパラメータを知ろう ……… 85

### 5.1 共通処理 …………………………………………………………………… 86
パスキー作成リクエストのサーバからの取得と
作成レスポンスのサーバへの返却 ……………………………………………… 87
パスキー認証リクエストのサーバからの取得と
認証レスポンスのサーバへの返却 ……………………………………………… 89

### 5.2 パスキー登録UXの実装 ………………………………………………… 90
パスキーが登録できる環境かを検知する ………………………………………… 90
パスキー作成リクエスト …………………………………………………………… 91
  ❶challenge ── CSRFやリプレイ攻撃からの防御 …………………………… 92
  ❷rp ── RPに関する情報 ……………………………………………………… 92
  ❸user ── ユーザーに関する情報 …………………………………………… 93
  ❹excludeCredentials
    ── 同一ユーザーで登録済みのクレデンシャルIDのリスト …………… 93
  ❺authenticatorAttachment ── パスキーの保存場所 ……………………… 93
  ❻requireResidentKey ── ディスカバラブル クレデンシャル ……………… 93
  ❼userVerification ── ローカルユーザー検証 ……………………………… 94
  ❽hints ── RPが要求する認証ダイアログのヒント ………………………… 94
サーバ処理 …………………………………………………………………………… 94

### 5.3 パスワードログイン時に自動でパスキー登録するUXの実装 …… 94
  ❶getClientCapabilities() ── 各種パスキーの機能検知 …………………… 95
  ❷conditionalCreate ── 自動パスキー作成の検知 ………………………… 95
  ❸mediation ── 自動的にパスキーを作成 …………………………………… 95
自動パスキー登録が発動しないケース …………………………………………… 96
サーバ処理 …………………………………………………………………………… 97

### 5.4 ワンボタンログインUXの実装 ………………………………………… 97
パスキーで認証できる環境かを検知する ………………………………………… 97
ワンボタンログイン認証リクエスト ……………………………………………… 98
  ❶challenge ── CSRFやリプレイ攻撃からの防御 …………………………… 98
  ❷rpId ── RPのIDを指定 ……………………………………………………… 99
  ❸userVerification ── ローカルユーザー検証 ……………………………… 99
サーバ処理 …………………………………………………………………………… 99

## 5.5 フォームオートフィルログインUXの実装　　100

### フォームオートフィルログインが利用できる環境かを検知する ……… 100
### フォームオートフィルログイン認証リクエスト ……………………… 100
- ❶mediation ── パスキー登録済みのユーザーにだけ選択肢を見せたい ……… 101
- ❷autocomplete="webauthn"
  ── パスキーでもパスワードのオートフィルと同じ挙動にする……………… 101

### サーバ処理 ………………………………………………………………… 102

## 5.6 再認証UXの実装　　102

### ワンボタンログイン方式の再認証リクエスト ……………………… 102
- ❶allowCredentials
  ── 再認証したいアカウントに紐付くパスキーを指定して認証要求 ………… 103

### フォームオートフィルログイン方式の再認証リクエスト …………… 103
- ❶autocomplete="webauthn"
  ── パスキーでもパスワードマネージャーのオートフィルと同じ挙動にする……… 104

### サーバ処理 ………………………………………………………………… 104

## 5.7 クロスデバイスUXの実装　　104

### クロスデバイスのパスキー作成リクエスト ………………………… 105
- ❶authenticatorAttachment ── パスキーの保存場所を指定 ………… 105
- ❷hints ── RPが要求する認証ダイアログのヒント ………………………… 105

### サーバ処理 ………………………………………………………………… 105
### クロスデバイス認証後にパスキー登録を訴求する …………………… 106

## 5.8 パスキー作成・認証の中断操作の実装　　106

- ❶abortSignal ── パスキー中断の準備 ……………………………… 107
- ❷onabort ── 中断時に実行される処理の登録 …………………………… 107
- ❸signal ── 中断を許可してパスキーを作成 ……………………………… 107
- ❹'AbortError' ── 中断によるパスキー認証(作成)失敗の検知 ……… 108
- ❺abort() ── 特定の条件による中断の実行 ……………………………… 108

## 5.9 管理画面UXの実装　　108

### パスキーの一覧 …………………………………………………………… 108
- パスキーの名前とアイコン ……………………………………………… 108
- 登録日時・最終使用日時・使用したOS ……………………………… 109
- 同期パスキーのラベル …………………………………………………… 109
- 名前の編集ボタン ……………………………………………………… 109
- 削除ボタン ……………………………………………………………… 109

### 新規登録ボタン …………………………………………………………… 109
### テストボタン ……………………………………………………………… 109

パスキー削除とユーザー名・表示名の変更の注意点 .................................... 110

## 5.10 まとめ　110

**Column** PINを使わず、生体認証だけでパスキーを利用できるようにすることはできますか？ ........................................................................ 111

# 第6章 WebAuthn APIリファレンス
## クライアントとサーバの実装の詳細を確認しよう .................. 113

## 6.1 実装の概要　114

クライアント .................................................................................. 116
Relying Party ............................................................................... 117
　RP ID .......................................................................................... 117
　eTLD ........................................................................................... 117
　RP IDに設定できるドメイン .................................................... 118
認証器 .............................................................................................. 119

## 6.2 パスキーに関する各種機能が利用可能かを確認する　121

プラットフォーム認証器の利用可否 ................................................ 121
フォームオートフィルログインの利用可否 .................................... 121
利用可能な機能をまとめて確認する ................................................ 122

## 6.3 パスキーを作ってみる　123

パスキーを作成する ........................................................................ 123
　navigator.credentials.create() ............................................. 123
パスキー作成リクエスト ── 呼び出しパラメータの概要 ............ 123
　❶challenge ── CSRFやリプレイ対策 ................................. 124
　❷rp.name ── 登録、認証を行うRPの名前 ........................... 125
　❸rp.id ── 登録、認証を行うRPの識別子 ............................. 125
　❹user.id ── ユーザー識別子 ................................................. 125
　❺user.name ── ログイン時にユーザーに表示されるユーザー名 ................. 125
　❻user.displayName ── ログイン時にユーザーに表示される表示名 ............ 126
　❼pubKeyCredParams
　　── PublicKeyCredentialのタイプと署名アルゴリズム ............................. 126
　❽excludeCredentials
　　── 同じ認証器にパスキーを複数回重複して登録させないためのパラメータ .... 126
　❾authenticatorSelection.authenticatorAttachment
　　── 認証器タイプの制限 .......................................................... 127

xviii

❿authenticatorSelection.requireResidentKey
　── 認証器へのユーザー情報の記録 ........................................................ 127
⓫authenticatorSelection.userVerification
　── 認証器によるローカルユーザー検証の制御 ........................................... 127
⓬timeout ── API実行の有効時間 ................................................ 128
⓭hints ── RPが要求する認証方式のヒント .................................... 128

### パスキー作成レスポンス ── 返却パラメータの概要 ................................129

❶id ── エンコード済みのクレデンシャルID .................................... 130
❷rawId ── クレデンシャルID ............................................................ 130
❸response.clientDataJSON
　── 登録リクエストのコンテキストを示すデータ ....................................... 130
❹response.attestationObject
　── 生成された公開鍵本体を含むデータ .................................................. 130
❺authenticatorAttachment ── 認証器の接続形態を示すデータ............. 130
❻type ── 公開鍵クレデンシャルのタイプ ......................................... 130
❼clientDataJSON.type ── レスポンスのタイプ ................................ 131
❽clientDataJSON.origin ── オリジンの文字列 ................................. 131
❾clientDataJSON.challenge ── チャレンジの文字列 ....................... 131

### サーバ処理 ................................................................................................ 131

事前準備 ................................................................................................... 131
パスキー作成リクエストの生成 ................................................................ 132
パスキー作成レスポンスの検証と保存 ...................................................... 133
　❶attestationObjectの検証 ................................................................. 135
　❷challengeの検証 ............................................................................. 135
　❸originの検証 .................................................................................. 135
　❹rp.idの検証 .................................................................................... 135
　❺ユーザー存在テスト結果の検証 ....................................................... 136
　❻ローカルユーザー検証結果の検証 ................................................... 136
　❼データベースへの公開鍵の保存 ....................................................... 136
　❽challengeの破棄 ............................................................................. 137

## 6.4　パスキーを使って認証してみる　　　　　　　　　　　　　　137

### パスキーを使って認証する .........................................................................137
navigator.credentials.get() .................................................................... 137

### パスキー認証リクエスト ── 呼び出しパラメータの概要 ........................137
❶challenge ── CSRFやリプレイ対策用に必須 ........................................ 138
❷allowCredentials ── 登録済み公開クレデンシャル ........................... 138
❸timeout ── API実行の有効時間 ......................................................... 138
❹userVerification ── 認証器によるローカルユーザー検証の制御 ............ 138

### パスキー認証レスポンス ── 返却パラメータの概要 ................................138
❶id ── エンコード済みのクレデンシャルID .................................... 139
❷rawId ── クレデンシャルID ............................................................ 139

- ❸response.authenticatorData —— 認証器の情報 ............................... 139
- ❹response.clientDataJSON
  —— 認証リクエストのコンテキストを示すデータ ........................... 139
- ❺response.signature —— レスポンスに対する署名 ................. 140
- ❻response.userHandle —— ユーザー識別子 .................................. 140
- ❼authenticatorAttachment —— 認証器の接続形態を示すデータ ............. 140
- ❽type —— PublicKeyCredentialのタイプ ......................... 140
- ❾clientDataJSON.type —— レスポンスのタイプ ..................... 140

### サーバ処理 ........................................................................ 140
### 事前準備 ........................................................................... 140
### パスキー認証リクエストの生成 ............................................. 141
### パスキー認証レスポンスの検証 ............................................. 141

- ❶データベースから公開鍵データの検索 ............................. 143
- ❷データベースから公開鍵に紐付くアカウントの検索 ............. 143
- ❸署名の検証 ................................................................. 143
- ❹challengeの検証 .......................................................... 143
- ❺originの検証 ............................................................... 143
- ❻rp.idの検証 ................................................................. 144
- ❼ローカルユーザー検証結果の検証 .................................. 144
- ❽データベースの公開鍵データの更新 ............................... 144
- ❾認証完了 .................................................................... 144
- ❿challengeの破棄 .......................................................... 144

## 6.5 パラメータの深掘り  145

### authenticatorSelection ................................................................ 145
### authenticatorSelection.authenticatorAttachment .......................... 145
- プラットフォーム認証器での登録を強制する ................................. 145
- 外部の認証器（ローミング認証器）も選択肢に加える ........................ 145

### authenticatorSelection.userVerification ........................................ 146
- 'required' —— ローカルユーザー検証を必須にする ........................ 146
- 'preferred' —— ローカルユーザー検証が利用可能な場合は実施する ............... 147
- 'discouraged' —— ローカルユーザー検証はなるべく実施しない ..................... 147

### excludeCredentials ................................................................. 147
### allowCredentials ..................................................................... 148

## 6.6 まとめ  149

Column　パスキーの同期を禁止する方法はある? ........................................ 150

# 第7章 スマホアプリ向けの実装
### AndroidとiOSにおける実装を確認しよう ...... 151

## 7.1 iOS/iPadOS 152

**ASWebAuthenticationSessionを利用して、Webサイト上でパスキーでログインし、その結果を受け取る** ...... 152
**ASAuthorizationPlatformPublicKeyCredentialProviderを利用して、ネイティブで実装する** ...... 153
- Associated Domainsとは ...... 154
- AppID、Provisioning Profileの作成 ...... 155
- AASA(apple-app-site-association)ファイルの配置 ...... 155
- Xcodeでの編集 ...... 155
- 一度動かしてみる ...... 155
- 動かない場合は ...... 156
- パスキー作成 ...... 157
- パスキーによる認証 ...... 158
- API実行結果の取得 ...... 158
- サーバとの通信処理 ...... 159

## 7.2 Android 160

**Custom Tabsを利用して、Webサイト上でパスキーを使用し、その結果を受け取る** ...... 160
**Credential Managerを利用して、ネイティブで実装する** ...... 160
- Digital Asset Linksとは ...... 161
- assetlinks.jsonファイルをWebサイトに配置する ...... 161
- アプリからもassetlinks.jsonファイルを参照する ...... 162

**originの扱いについて** ...... 162

## 7.3 まとめ 163

> Column アプリで利用している生体認証とパスキーは何が違うの? ...... 164

# 第8章 パスキーのより高度な使い方
### より効果的な活用とUX向上方法を知ろう ...... 165

## 8.1 パスキーの保存先パスキープロバイダを知る 166

## 8.2 パスキーが作成可能なことをパスキープロバイダやブラウザに知らせる　168
AndroidのGoogleパスワードマネージャーの挙動 ... 169

## 8.3 複数ドメインで同じRP IDのパスキーを利用可能にする　170
ブラウザサポート状況とRelated Origin Requests利用判定方法 ... 172
類似する機能の補足 ... 173
Related Origin Requests以外の実現方法 ... 173

## 8.4 パスキーの表示名変更や削除をパスキープロバイダに通知する　174
見つからないパスキーを削除する ... 175
パスキーのリストを更新する ... 175
パスキーのユーザー名と表示名を更新する ... 176

## 8.5 より高いセキュリティのためのセキュリティキー　176
セキュリティキーが求められるユースケース ... 177
セキュリティキーによる認証を強制するには ... 178

## 8.6 認証器の信頼性を証明するためのAttestation　178
認証器を判別するしくみ ... 179
Attestationの種類 ... 180
Attestationの要求と検証方法 ... 180
Attestation Objectを構成するパラメーター覧 ... 182

## 8.7 ユーザーがパスキーにアクセスできなくなったらどうする？　185
パスキーだけではダメなのか ... 186
　パスキー以外の認証方法 ... 187
　ID連携 ... 187
　その他 ... 188
アカウントリカバリの方法 ... 188
　リカバリメール ... 189
　リカバリコード ... 189
　カスタマーサポートでの身元確認 ... 189
　デジタルアイデンティティ ... 190
認証方法やアカウントリカバリに正解はない ... 190

## 8.8 まとめ　191

# 第9章 パスキー周辺のエコシステム
標準化の流れや開発者向け情報を確認しよう .................. 193

## 9.1 パスキーの仕様を読み解くための手引き　　194

### W3C（World Wide Web Consortium） .................................................. 195
### WebAuthn仕様の策定経緯 ........................................................... 195
### Credential Managementのクレデンシャルタイプ ............................... 197
- PasswordCredential
  —— パスワードを保存・取得するためのクレデンシャルタイプ ........................ 198
- OTPCredential —— OTPを取得するためのクレデンシャルタイプ ................ 198
- FederatedCredential
  —— 連携済み外部Identity Providerを記憶するためのクレデンシャルタイプ .... 199
- IdentityCredential
  —— 外部Identity Providerと連携するためのクレデンシャルタイプ ................ 199
- PublicKeyCredential —— 公開鍵クレデンシャルタイプ ........................ 199
- navigator.credentials —— 各種クレデンシャルを扱うAPI ....................... 199

### FIDOアライアンス ................................................................... 200
### UAF ............................................................................................. 201
### U2F ............................................................................................. 201
### CTAP ........................................................................................... 202
### FIDO関連仕様の一覧 ................................................................. 202

## 9.2 パスキーの実装をサポートするエコシステム　　204

### 認定プログラム .......................................................................... 204
### 開発者向けリソース ................................................................... 205
- 情報サイト ............................................................................ 205
- デモサイト ............................................................................ 206
- ライブラリ ............................................................................ 206
- メーリングリスト・コミュニティ ........................................... 208

## 9.3 まとめ　　208

## 付録A クライアント用Extensionの解説
### 後方互換や先進的な活用のための拡張機能をみてみよう ....... 209

- **A.1** FIDO AppID Extension (appid) — 210
- **A.2** FIDO AppID Exclusion Extension (appidExclude) — 211
- **A.3** Credential Properties Extension (credProps) — 212
- **A.4** Pseudo-random function extension (prf) — 212
- **A.5** Large blob storage extension (largeBlob) — 214
- **A.6** Extensionの利用可否を判定する — 216

## 付録B iOS実装サンプル
### サンプルアプリを動かしてみよう ........................... 217

- **B.1** 概要 — 218
- **B.2** 動作の紹介 — 218
- **B.3** 動かす方法 — 221

あとがき〜本書の刊行に寄せて .......................... 223

索引 ........................... 224

著者プロフィール ........................... 231

第 **1** 章

# パスキー導入が求められる背景

既存の認証方法とパスキーの背景を知ろう

# 第1章 パスキー導入が求められる背景

本書を手に取った人にとって、パスワードをはじめとした既存の認証方法の問題点は、もはや説明するまでもないものかもしれません。しかし、パスキーの優位さを理解するうえで、他の認証方法の問題点をきちんと把握しておくことはとても重要です。あなたが携わっているサービスでパスキーを導入したいと提案した際に、想定される反論に対処するためにも、既存の認証方法と比較してパスキーがどうして優れていると言えるのか、パスキーに足りない点があるとしたら何なのか、説明できる必要があります。

また、単にパスキーを導入するだけではなく、よりよい認証機能を実装するという観点からも、広い視野を持つべきです。

本章では、パスキーを導入するにあたって、既存の認証方法の何が課題なのかを見ていきます。

## 1.1 パスワード

パスワードのようなものは、太古の昔から「合言葉」として使われてきました。たとえば、合言葉を知っていることで、スパイではないことを証明できました。これは認証を要求する側とされる側の双方が同じ言葉を知っていることで成立する約束のようなものです。

コンピュータにおいても、このしくみは活用されました。ネットワークがまだ使えない時代でも、直接コンピュータに触れる人が自分のアカウントにアクセスするためにパスワードが作られました。しかし、その目的は、せいぜい同じコンピュータにアクセスする他のユーザーに中身を見せないためといった限定的なものでした。

ところが、インターネットが登場してから、様相は大きく変わります。インターネットを介するサービスにおいてパスワードは、インターネットにアクセスするため、個人のメールにアクセスするため、パーソナライズを行うため、機密書類にアクセスするため、送金するためなど、さまざまなサービスのアカウントにアクセスする場面で重要な役割を果たすようになりました。ネット社会が充実すればするほど、ネット上でできることは増え続け、より機微な情報や大金を扱えるしくみに発展してきたのです。しかしこれは同時に、セキュリティの世界で「攻撃者」と呼ばれる第三者がアカウントを乗っ取ることで利益を得られる状況を作ることにもなってしまいました。

それにもかかわらず、インターネット上で個人の存在を可能にする基盤である認証機能の多くは、パスワードを基本としたしくみに依存し続けています。

## パスワード認証のしくみとその問題点

多くのWebサイトやアプリケーションにおけるパスワードによる認証方法は、ユーザーが自分が誰かを表すユーザー名と組み合わせて提示し、サービスにあらかじめ登録してある組み合わせと一致するかを検証することで認証を行います。多くのサービスではユーザーが自分でパスワードを作りますが、このアプローチにはさまざまな問題点があります。

攻撃者は、専用のプログラムを使って機械的に、かつ巧妙に無数の攻撃をしかけてくるため、ちょっとしたパスワードの不備が即座にアカウントの乗っ取りにつながってしまいます。

### ユーザーが弱いパスワードを作ってしまう

パスワードはユーザーにとってめんどくさいものでしかありません。何のために必要なのかすらきちんと理解していない人も少なくないでしょう。そんなユーザーに複雑なパスワードを作れというのは困難な話です。毎年、漏洩したパスワードの中から、よく使われたパスワードのランキングが発表されていますが、その上位は "123456" や "qwerty" など、キーボードを適当に叩いただけのものばかりです。実際に漏洩したパスワードで作られたランキングですから、大量のメールアドレスと組み合わせてログインを試行すれば、一定の割合でログインできてしまうことになります。

このようなパスワードでは、攻撃者にアカウントを乗っ取られるのも無理はありません。サービス提供者側はそれでも、こういったユーザーがアカウントを乗っ取られた場合に対応する義務があります。

ちなみにユーザーは、Have I Been Pwned[注1] やGoogleダークウェブレポート[注2] といったサービスで、自分のパスワードが漏れていないかを安全にチェックできます。心配な方は一度チェックしてみてください。

---

注1　https://haveibeenpwned.com/
注2　https://myactivity.google.com/dark-web-report/

# 第1章 パスキー導入が求められる背景

## ユーザーが同じパスワードを使いまわしてしまう

　パスワードの重要性がわかったユーザーは、数字や記号を組み合わせて、ある程度複雑なパスワードを使い始めるでしょう。しかし、それを複数のサービスで使い回すとまずいということに気付いている人は少ないかもしれません。攻撃者はそういうユーザーの存在を知っているため、1つのサービスで漏れたユーザー名とパスワードの組み合わせを、他のサービスでも試すことで、アカウントが乗っ取れるということを知っています。トレンドマイクロの調査[注3]では、全ユーザーの83%がパスワードを使いまわしているそうです。

## ユーザーがフィッシングサイトにパスワードを入力してしまう

　フィッシングサイトとは、実在するWebサイトにそっくりな偽物で、攻撃者によって作られたサイトのことです。攻撃者はSMSやメール、広告などを使ってユーザーをフィッシングサイトに誘導し、ユーザーが騙されてユーザー名とパスワードを入力したところで、それを使って本物のWebサイトのアカウントを乗っ取ります。

　フィッシングサイトはよく見るとドメインが異なりますが、非常に巧妙にできているため、ユーザーがブラウザのURLバーを注意深く見ていない限り自己防衛は難しく、まんまとパスワードを入力してしまい攻撃者にパスワードを盗まれてしまう、という事例があとを絶ちません。

　セキュリティの専門家ですら嵌められた、とニュースになるくらいです。近年はこのフィッシングが猛威を振るっています。

............................................

　このように、今のインターネットユーザーは、人によっては100を超えるサービスすべてで異なる、かつ複雑なパスワードを作り、ログインのたびに正しいサービスであることを確認し、間違いなくそれらを入力することが求められています。これはもはや普通の人間がこなせるような作業ではないでしょう。

## パスワードマネージャー

　そこで登場するのがパスワードマネージャーです。パスワードマネージャ

---

注3　https://www.trendmicro.com/ja_jp/about/press-release/2023/pr-20230831-01.html

ーは、ユーザーに代わってパスワードの管理をしてくれるソフトウェアです。ブラウザの機能として提供されているものもあれば、ブラウザの機能拡張として提供されているもの、スタンドアロンのアプリケーションなど、いくつか種類が存在します。共通して言えるのは、ブラウザと密に連携して動作することで、ユーザーのログイン時の利便性と安全性を向上してくれる点です。

### パスワードマネージャーを使うことの利点

　パスワードマネージャーをうまく活用することで、ユーザーはパスワードにまつわる問題のほとんどを解決することができます。

- サイトごとに強力なパスワードを自動生成してくれる
- 入力したパスワードや自動生成したパスワードを保存して管理してくれる
- ドメインの一致するサイトでのみパスワードを自動入力してくれる（フィッシングに強い）
- 異なるデバイスでも、保存していたパスワードを同期してくれる
- 保存しているパスワードが漏洩していないかをチェックしてくれる

　このように、脆弱なパスワードの設定やフィッシングサイトによる漏洩など、パスワードにまつわる問題点の多くは、パスワードマネージャーを使うことによって解決することが可能です。ただ、パスワードマネージャーにもいくつか問題点があります。

### パスワードマネージャーの問題点

　サービスは、Webサイトやアプリケーションをパスワードマネージャー向けに最適化させることはできても、ユーザーに利用そのものを強制することはできないため、これまでなかなか普及してきませんでした。あまり積極的に啓蒙がされてこなかったという側面もあります。仮にユーザーにパスワードマネージャーを使ってもらうことに成功したとしても、うまく使いこなせるのかという問題もあります。そして、それはサービス側にも当てはまります。

　たとえば、クレジットカードを使った支払い時に認証を求める3Dセキュアでは、クレジットカード会社のサービスで利用するユーザー名とパスワードを求められるケースがあります。ユーザーはパスワードマネージャーにそのユーザー名とパスワードを保存することができますが、クレジットカード会社のサービスのドメインと、3Dセキュアで認証を求めるサービスのドメインが異なるケースが少なくないため、ユーザーはパスワードマネージャーに保

# 第1章 パスキー導入が求められる背景

存したパスワードをわざわざコピーして貼り付けることになってしまいます。これではフィッシングに引っかかってくださいと言っているようなものです。

また、このようなイレギュラーなことを頻繁にさせられていると、ユーザーはパスワードマネージャーからパスワードをコピー&ペーストすることが当たり前だと思ってしまったり、いつも使っているパスワードを手で入力したほうが早いと思ったりと、フィッシングサイトにパスワードを入力してしまうリスクが高まってしまいます。

このように、ユーザーにパスワードの管理を委ねざるを得ない状況である限り、サービス側がパスワードだけで認証の扉を守りきるには限界がある、と言わざるを得ません。

## 1.2 二要素認証

パスワードだけでユーザーを守りきれず、パスワードマネージャーに完全に頼ることもできないのであれば、扉を多重にしてしまおう、というのが二要素認証、もしくは二段階認証です。

### 二要素認証とは何か

ユーザーが自分のアカウントにログインできなくなったり、アカウントを乗っ取られたりした場合に払う代償はサービスの性質によって異なります。たとえばSNSでは、なりすまして勝手に宣伝目的の投稿に使われたという事例は頻繁に起こっています。ユーザーにとってもサービスにとっても、被害という意味ではこれはまだ軽微なものでしょう。しかし銀行などの金融サービスでは、アカウントを乗っ取られることでお金が盗まれる可能性があり、実際にそういった被害が発生しています。このように、アカウントにどこまでセキュリティを求めるかは、サービスの内容によって大きく変わってきます。

前節で述べたとおり、ユーザーがパスワードを作るシステムにおいて、十分に複雑なパスワードを作成していることを期待するのは困難です。また、そのパスワードが他のWebサイトやアプリケーションと安全なレベルで異なるものであることを保証する方法もありません。そのためサービス運営者は、ユーザーが安全なパスワードを使っていないという前提に立ち、安全のため

にどこまで投資を行うべきかを判断したうえで、必要であれば追加のセキュリティレイヤを設けることが賢明でしょう。そこで生まれたのが、追加の認証を求める二要素認証です。

### 認証の三要素と二要素認証

米国政府のアイデンティティガイドラインであるNIST SP 800-63（コラム参照）が定義している基本的な考え方として、知識認証、所有認証、生体認証の認証三要素があります。認証三要素のうち、2つ組み合わせて二要素認証、2つ以上で多要素認証と呼びます。二要素認証では、知識認証と所有認証など、アプローチのまったく異なる複数の認証要素を組み合わせることで、攻撃者による認証突破のハードルを上げることができます。

- **知識認証**
  パスワードなど、特定の情報を知っていることを証明することによる認証方法
- **所有認証**
  セキュリティキーのような暗号鍵やIDバッジ、スマートフォン、電話番号を司るSIMカードなど、所有を証明することによる認証方法
- **生体認証**
  指紋や顔、虹彩など、人間の身体的特徴の一致を証明することによる認証方法

### 二段階認証

なお、二要素認証と似た言葉に二段階認証というものがあります。二要素認証と二段階認証はよく混同されますが、そこには明確な違いがあります。

最初にパスワード、次にSMS OTPといったように、段階的に異なる認証要素を取得する認証プロセスは「二要素認証」でもあり、「二段階認証」でもあります。一方で、パスワードに加えて本人だけが答えを知っている秘密の質問を入力させるなど、知識認証を2回入力するような場合は二段階認証とは言えますが、同じ要素なので二要素認証とは言えません。これらが混同されがちだったのは、ほとんどの二段階認証が二要素認証になっており、どちらの言い方でも間違っていなかったためと考えられます。

## SMS OTP

SMS OTPは、登録済みの携帯電話番号に、SMSで送られてきたメッセージに記載された6桁程度の短時間かつ一度だけ使えるパスワード、つまりワ

# 第1章 パスキー導入が求められる背景

ンタイムパスワード（*One-Time Password*、略してOTP）をユーザーがフォームに入力することで、パスワードと組み合わせて認証する二要素認証の一方式です。SMSとは、携帯電話で標準的に使われているメッセージングサービスで、電話番号を識別子としてメッセージを送ることができる機能です。OTPはその名のとおり一度しか使えないため、認証要求のたびに異なるOTPが送られてくることが一般的です。

SMS OTPでは、パスワードによる知識認証に加え、携帯電話にSIMカードが挿入、もしくはeSIMがダウンロードされていなければ受信できないSMSを使って所有認証を行うことで、二要素認証を実現します。決済系サービスを含めた、安全性を重視する多くのWebサイトやアプリケーションがSMS OTP方式の二要素認証を利用しています。

安全性がパスワード単体よりも向上する点、追加のアプリインストールが不要な点、使い方が比較的理解しやすいことから、後述するTOTPやセキュリティキーといった他の二要素認証よりも普及していますが、弱点も少なくありません。ここでのちほど説明するSMS認証も含めた、SMSでOTPを受け取る認証方法の欠点について触れておきましょう。

## 送信コストの負担

SMSを利用するサービスの多くはSMS送信代行業者の利用を避けられません。たとえばクラウド事業者AWS（*Amazon Web Services*）のサービスでは日本国内へのSMS送信は、本書執筆時点の単価・為替レートで1通約10円かかります。ユーザーが認証するたびにこれを送るとすると、SMS送信に払うコストは膨大になってしまいます。

## SIM自体の安全性

SMSを送信するということは、SIMの安全性に依存するということも意味します。そしてそこには、独自のリスクもあります。電話番号は一般的に解約後一定期間が経つと再利用されるため、それが原因で見知らぬ他人にSMSが届き、思わぬトラブルが発生する可能性があります。また、SIMカードを発行してくれる携帯電話店の店頭・サポート窓口を欺いてSIMカードを乗っ取る、いわゆるSIMスワップと呼ばれる手口も近年頻発しています。その他、通信路自体の安全性の議論もあり、NIST SP 800-63[注4]では、SMSを使った認

---

注4　1.2節のコラムを参照してください。

証は推奨されていません。

#### フィッシング耐性

ユーザーがSMSメッセージングアプリからサービスのWebサイトに手作業でOTPを入力する際、偽のサービスに入力してしまうフィッシング詐欺も多発しています。SMS OTPは毎回異なるうえ短期間しか有効でないため、フィッシングに強いと思われがちですが、OTPが有効なうちに攻撃者が正規のサイトで認証することで、アカウントを盗むことが可能です。このような攻撃をリアルタイムフィッシングと呼ぶこともあります。

## メールOTP

メールOTPはSMS OTPに似たことをメールで行う認証方法です。パスワードを入力後、登録済みのメールアドレスに届いたメールに記載されたリンクをクリック、もしくはメールに記載されたOTPをフォームに入力することで二要素認証を行います。

メールOTPもSMS OTPと同様に、パスワード単体よりも安全性が向上する、追加のアプリインストールが不要、使い方が比較的理解しやすい、という特徴がありますが、SMSと比較して送信にコストがかからない点がメリットです。

ただし、SIMスワップのように、メールアカウント自体の乗っ取りには注意が必要です。メールアカウントには、強力なセキュリティ機能を提供しているサービスもあれば、インターネットプロバイダがおまけのように提供しているサービスもあります。パスワードだけでログインできるメールアカウントの場合、ユーザーがログイン先と同じパスワードを使用していれば、簡単に乗っ取られてしまいます。また、SMS OTP同様、リアルタイムフィッシングのリスクは避けられないということも忘れてはいけません。

## TOTP

TOTP（*Time-Based One-Time Password*）は、パスワードを入力後、専用アプリに表示された30秒程度で変わる通常6桁の数字からなるOTPをサービスに入力することで認証する二要素認証の一方式です。TOTPはインターネットに関する技術仕様を策定する団体の一つである、IETF（*Internet Engineering Task*

# 第1章 パスキー導入が求められる背景

Force）で定義された標準仕様[注5]です。

TOTPを利用するには、ユーザーが認証アプリをインストールし、サービスごとにシークレットを登録しておく必要があります。利用できる認証アプリには、TOTPに対応したGoogle認証システムやMicrosoft Authenticator、Authy、AppleのPasswordsアプリといったさまざまなものがあります。

認証アプリにサービスを登録するには、サービスのTOTP登録ページを開き、表示されるQRコードを登録アプリで読み込む、もしくは表示されるシークレットを登録アプリに手入力します。認証する際は、認証アプリに表示されるOTPをフォームに入力します。30秒ごとに新しいOTPに切り替わるため、タイミングよく、すばやく入力する必要があります。サービスによっては若干の冗長性があるため、少しくらい遅れて入力しても問題ない場合があります。フィッシングのリスクという点では、ユーザーが自分の意志でOTPを入力してしまう限り、SMS OTPやメールOTPと同様の問題をはらみます。

認証アプリの多くは、サーバではなくデバイス内にのみシークレットを保存するため、新しいデバイスに乗り換えるたびに、すべてのサービスについて登録をやりなおさなければなりません。デバイスを紛失するとログインする方法を完全に失ってしまう可能性があるため、そういったユーザーがいた場合にどうやってアカウントを回復する（アカウントリカバリ）かについては、あらかじめ考慮しておかなければなりません[注6]。

認証アプリによってはデバイス間の同期をサポートしているものがありますが、アカウントが乗っ取られることで、すべてのTOTPも奪われてしまうというリスクがあります。認証アプリをインストールしなければならない点、ユーザーが使い方を理解していなければならない点、注意事項が多い点などを考慮すると、TOTPの利用はある程度ユーザーのリテラシが求められます。

## プッシュ通知

サービスでスマートフォンアプリを提供しているのであれば、Webサイトやアプリケーションにログインする際、ログイン済みアプリにプッシュ通知を送信することで認証させる、というプッシュ通知を使った二要素認証を実現することができます。プッシュ通知を使った二要素認証には標準技術が存

---

注5　https://www.rfc-editor.org/rfc/rfc6238
注6　第2章のライフサイクルのコラム参照。

在せず完全に独自実装になるため、ここでの説明はあくまで一つのアイディアとして受け取ってください。

　プッシュ通知を使った二要素認証では、ユーザーがあらかじめアプリケーションをインストールし、サービスにログインしておく必要があります。ユーザーが別のデバイスで同じアカウントにログインしようと正しいパスワードを入力すると、すでにログイン済みのすべてのアプリケーションに対してプッシュ通知を送ります。その通知を受け取ったユーザーは通知を開き、ログインを承認します。ログインしようとしているアカウントは、すぐにログイン完了となります。

　プッシュ通知を使った二要素認証は、ユーザーが数字を入力するようなしくみではないためフィッシングに引っかかりにくく、OTPを使った他の二要素認証と比較して安全と言われています。ただし、弱点として多要素認証疲労攻撃が知られています。多要素認証疲労攻撃とは、攻撃者が既知のユーザー名とパスワードの組み合わせを使ってログインを繰り返し試行することで、ユーザーの疲労を誘い、諦めて承認させてしまうというものです。

　これを防ぐため、最近のプッシュ通知による二要素認証では、3つ程度の数字からログインしようとしているアプリケーションに表示されているものと同じものを選ばせるというしくみが導入されている場合があります。こうすることで、ユーザーが実際にログインしようとしていない限り正しい番号がわからず、ユーザーの注意が喚起できるという効果があります。

　プッシュ通知による二要素認証は安全面で優れていますが、アプリ版が存在しなければならないという意味で、どんなサービスでも対応できるものではありません。

## セキュリティキー

　セキュリティキーとは、主にUSBで接続して利用できる物理的なデバイスです（**写真1.1**）。複製の不可能な世界でただ一つの鍵を生成し、公開鍵暗号方式を用いた電子署名によって、デバイスの物理的所有を証明することができます。

　公開鍵暗号方式を用いた電子署名についてはコラムで詳しく解説しますが、ここでも簡単に説明します。公開鍵暗号方式では、秘密鍵とそれに対応する公開鍵を同時に生成します。この2つの鍵を鍵ペアと呼びます。秘密鍵は誰にも知られてはいけませんが、公開鍵はその名のとおり誰に知られても問題ありません。秘密鍵は安全にセキュリティキーに保存され、公開鍵はサーバ

# 第1章 パスキー導入が求められる背景

写真1.1 セキュリティキーの例（写真はYubiKey 5シリーズ）

に保存されます。

　セキュリティキーでの認証を行う際には、セキュリティキーは秘密鍵を用いて電子署名を生成し、サーバに送信します。サーバは、事前に登録された当該セキュリティキーの公開鍵を用いて電子署名を検証します。当該公開鍵で検証できる署名はその秘密鍵以外で生成することができないため、ユーザーはセキュリティキーの所有を証明することができます。

　セキュリティキーでは、USBのほかにBLE（*Bluetooth Low Energy*）やNFC（*Near Field Communication*）で接続できるものなどが存在します。

　セキュリティキーを二要素認証の2つ目の認証手段として扱う仕様は、パスキーを構成するFIDO2の前バージョンであるFIDO U2Fとして標準化されています[注7]。ブラウザにFIDO U2FのJavaScript APIが広く実装されなかったためあまり普及しませんでしたが、第2章で説明するFIDO2のWebAuthnが実装されてから、その後方互換性を使って利用するサイトが増加しました。

### ユーザー存在テスト

　セキュリティキーを二要素認証で利用するには、ユーザーがすでにログインした状態でサービスに事前登録する必要があります。登録の際は、セキュリティキーをコンピュータに挿すだけでなく、セキュリティキーに付属するボタンやタッチセンサに手で触れる必要があります。これは遠隔地からソフトウェアによる自動的な登録や認証を防ぐため、物理的なインタラクションを必要とした機構であり、この動作を**ユーザー存在テスト**と呼びます。ユーザーはユーザー存在テストを行うことで、セキュリティキーのある場所に、物理的に人間がいることを示すことができます[注8]。

---

注7　U2F仕様の詳細は第9章も参照してください。
注8　この場合、生体認証ではないため、そこにいる人間が誰であるかは問われません。

認証は、パスワードなどの1要素目の認証に続いてセキュリティキーを使うことで行います。ユーザーはセキュリティキーを求められたら、コンピュータにセキュリティキーを接続し、登録時と同様にユーザー存在テストを行います。こうすることでパスワードの知識認証と、セキュリティキーによる所有認証の二要素認証を行うことができます。

### フィッシング耐性

U2Fでは登録時と同じドメインでないと認証が拒否されるため、セキュリティキーを使った認証にはフィッシング耐性があり、数ある二要素認証方式の中でも最も安全性が高くなります。これにより、ユーザーの目で正しいドメインかどうかを検証する必要がなくなります。

### 物理的制約

セキュリティキーは挿すだけで利用できるため、スマートフォンやPCを乗り換えた場合でもそのまま利用することができます。ただし複数の端末で利用する場合は、常にセキュリティキーを持ち歩かなければならないため、手もとにないだけでログインできないという不便を強いられる場面も少なくありません。また、セキュリティキーは物理的に購入する必要があるため、コンシューマ向けサービスでは利用できるユーザーが限られることも考慮すべきです。加えて、紛失したり、故障したりした場合の対策も考えないといけないという意味では、ユーザーにも高いリテラシが求められます。

反面、厳格なアカウント管理が前提であるエンタープライズのような環境ではセキュリティキーの利用が向いています。社員に対して一括購入することもできますし、万一紛失しても、紛失したキーをサーバ側で無効化し、身元を確認して再発行することも可能です。安全性を第一に考えると、セキュリティキーの利用は悪くない選択肢と言えます。

### FIDO2対応セキュリティキー

なお、最近のセキュリティキーは、FIDO2にも対応しているため、2要素目の認証のためだけでなく、後述するパスキーのためにも利用することが可能です。

# 第1章 パスキー導入が求められる背景

> **Column**
>
> ## NIST SP 800-63
>
> NIST SP 800-63とは、米国商務省の下部組織である、米国国立標準技術研究所(National Institute of Standards and Technology、略称はNIST)によって発行されている、デジタルアイデンティティガイドラインです。SP(Special Publication)とは、NISTが発行するさまざまな技術文書の総称で、NIST SP 800-63はその一つになります。デジタルアイデンティティの重要な要素である、身元確認、当人認証、アイデンティティ連携に関するプロセスや技術的な要件を米国政府機関向けにまとめた文書です。
>
> ここで、身元確認とは、サービスの利用を申請しているユーザーが申請書に記載された本人であることを身分証明書などを用いて確認すること、当人認証とは、サービスに登録済みのユーザー本人であることをパスワードやパスキーなどによる認証で確認することです。
>
> 特に、身元確認、当人認証それぞれの強度を3つのレベルに分け、「保証(アシュアランス)レベル」として定義した、身元確認保証レベル(IAL)と当人認証保証レベル(AAL)は、米国政府に限らず、世界各国の政府や民間で広く参照されています。日本においても、「オンラインにおける行政手続きの本人確認の手法に関するガイドライン」や「民間事業者向けデジタル本人確認ガイドライン」などのガイドラインが、NIST SP 800-63を参考に作成されています。
>
> SP 800-63は、初版が2004年に「電子認証ガイドライン」として発行されて以降、技術や世の中の変化にあわせて3回の改版を実施しています。本書執筆時点では、2017年に発行されたSP 800-63-3が最新版となっているほか、4回目の改版(SP 800-63-4)の発行のための手続きが進行中です。
>
> SP 800-63-3は、総論とリスク管理、身元確認、当人認証、アイデンティティ連携の4つに分冊されており、当人認証に関する分冊であるSP 800-63B-3では、3つの当人認証保証レベル(AAL)それぞれに関する要求事項が整理されています。一番低いレベルであるAAL1では、知識・所有・生体の認証の要素のうち、1つを利用すれば良いとされており、パスワードだけで問題ないレベルです。AAL2では二要素認証が必須とされ、さらに一番高いレベルであるAAL3では、セキュリティキーなど秘密鍵が漏洩しないハードウェアによる所有認証を含めた二要素認証が必須とされます。
>
> さらに、近年のパスキーの急激な進化と普及にあわせてSP 800-63B-3の追補版(supplement)[注a]が2024年4月に発行され、その中では、パスキーはAAL2を満たす認証方式であると定義されました。それだけでなく、現在改訂作業中のSP 800-63B-4 (2nd Public Draft)[注b]においては、AAL2を求めるサービスはフィッシング耐性を持つ認証方式をオプションとして提供しなけ

注a　https://csrc.nist.gov/pubs/sp/800/63/b/sup/final
注b　https://csrc.nist.gov/pubs/sp/800/63/4/2pd

ればならないと要求されています。現時点で広く普及しているフィッシング耐性のある認証方式はパスキーだけであることを踏まえると、Webサイトにおいて、パスキーを実装することが避けられなくなってきています。

## 1.3 パスワードレス

　パスワードを使うことで認証強度が下がってしまう。二要素認証を使うことでユーザーの手間が増えてしまう。ならば、そもそもパスワードを使わせない認証方法にしてしまおう、というアプローチがパスワードレス認証です。

　パスワードレス認証は、その名のとおりパスワードなしで認証できるようにしよう、というものです。パスキーもパスワードレス認証と呼べますが、本書ではあえて区別しています。パスワードレス認証にはいくつかのアプローチがあります。

### マジックリンク

　パスワードを入力する代わりにあらかじめ登録されたメールアドレスにメールを送信し、ユーザーが記載されたリンク先にアクセスすることでログインするアプローチを、マジックリンクと呼びます。マジックリンクを使った認証では、そもそもパスワードが存在しないため、パスワードがリスクになることはありません。

　「パスワードを忘れたら？」という機能を思い出してください。ユーザーがパスワードを忘れてしまった場合にクリックし、登録済みメールアドレスを入力するとメールが送られてきます。ユーザーはそのメールに記載されたリンクをクリックすると、新しいパスワードを作ることができ、以降はそのパスワードを使ってログインすることができます。いわゆるアカウントリカバリ手段の一つです。

　マジックリンクのアプローチは、新しいパスワードを作るまでもなく、毎回メールのリンクだけでログインさせてしまえばいいじゃないかという発想です。わざわざ危険なパスワードを作ったり、サーバに保存したりしてリス

# 第1章 パスキー導入が求められる背景

クを抱えるより、最初からメールを受け取ること自体をユーザー本人である証明とし、認証させてしまえ、というのがマジックリンクのアプローチです。

マジックリンクの欠点は、ユーザーがログインのたびにWebサイトとメールクライアントを切り替えなければならない点、メールアプリのWebView（アプリ内ブラウザ）でログイン画面が開いてしまうため、ユーザーが意図したブラウザでセッションを確立できない場合がある点、そしてログインがあまり頻繁に求められるとユーザーがくたびれて、サービスの利用率が下がってしまう可能性がある点にあります。サービスの性質上、滅多にログインする必要がないサービスや、ログイン後のセッション期間を長めに取れるサービス、もしくは個人情報を扱うなどリスクの高い部分だけで再認証を必要とするサービスなどで利用するのが最適でしょう。

ただし、メールOTPと同様に、ユーザーの使っているメールアカウントが乗っ取られる可能性については想定しておく必要があります。

## SMS認証

マジックリンクに似たアプローチとして考えられるのが、SMSを使った認証です。ユーザーは、ログインフォームに電話番号を入力して認証を開始します[注9]。

マジックリンクの場合、ユーザーがリンクをクリックすることで認証できるしくみを提供しやすかったですが、SMSの場合、SMSメッセージングアプリによっては、メッセージにURLが含まれているとスパムと判定する可能性もあるため、OTPをベタ書きするケースがほとんどである、という違いがあります。OTPを手入力しなければならないということは、リンクをクリックすることと比較して、ユーザーがフィッシングにかかりやすくなる可能性があります。WebOTP APIや`autocomplete="one-time-code"`を活用することで、これを改善できる可能性があります[注10]。

また、マジックリンクの場合、正しく設定されたメールクライアントならどこからでも認証できますが、SMSの場合、登録済みSIMを搭載した携帯電話以外でSMSメッセージを受け取ることができない、という点でも異なります。

---

注9 Androidアプリケーションであれば、Phone Number Hint API（https://developers.google.com/identity/phone-number-hint/android）を使ってユーザーが入力することなく携帯電話に入っているSIMから電話番号を自動入力することができます。

注10 https://web.dev/articles/sms-otp-form

SMS認証では、SMS OTPを使った場合と同様の課題とリスクもあります。特に、SIMスワップや携帯電話番号の使い回しが行われた場合、パスワードを挟まない分、二要素認証よりも直接的にアカウントの乗っ取りにつながってしまう、という点には注意が必要です。あらためて、SMS OTPの項をチェックしてください。

## 1.4 ID連携

ここまで紹介してきた認証方法とまったく異なるものにID連携が挙げられます。ID連携では、認証機能を必要とするサービス（*Relying Party*、略してRP[注11]）が、認証機能を提供する第三者のサービス（*Identity Provider*、略してIdP）と連携することで、以下のようなメリットを得ます。

- 新しいID・パスワードの管理負担を減らせる
- 実装がシンプルかつセキュリティ上の懸念点の多くを考慮しなくて済むため、RPは認証機能の多くをIdPに依存できる
- RPはIdPから名前やメールアドレス、プロフィール画像といったユーザーの属性情報を取得することができる

ID連携の仕様は標準化されているため、多くのサービスどうしではOpenID ConnectやSAML（*Security Assertion Markup Language*）といったプロトコルレベルで共通のAPIを使用することができます。それらのプロトコルをサポートした有名なIdPとしてはGoogle、Microsoft、Yahoo! JAPAN、GitHubなどが挙げられます。最近では、エンタープライズはもちろん、同一サービス内の異なるドメイン間でのID連携など、目立たない部分にも活用されていたりします。

ただ、ID連携にもデメリットは存在します。

- 認証処理をIdPに代行してもらうしくみのため、RPはIdPの稼働状況の影響を受けてしまう
- ユーザーが使っているサービス（RP）がIdPに把握されてしまったり、実装方法によってはサードパーティCookieを通じてトラッキングが可能になる場合

---

[注11] ID連携におけるRelying Partyと、後で説明するWebAuthn仕様におけるRelying Partyは、ほぼ同じ意味ですが、参照元の仕様が異なるため、微妙に異なる文脈で使われることがある点に注意してください。

# 第1章 パスキー導入が求められる背景

があったりと、プライバシー上の懸念が指摘されている

- 多くのユーザーをカバーするため、複数のIdPとのID連携を可能にすると、その数だけログイン用ボタンを表示[注12]せざるを得ず、ユーザーが、自分がどのサービスでログインしたかわからなくなってしまう

なお、認証方法の一つとして紹介しましたが、ID連携はパスキーによって置き換えられる技術ではないため、それを踏まえたうえで読み進めてください。

## 1.5 まとめ

第1章では、パスキー以前に利用可能だったさまざまな認証方法について触れ、そのメリットや問題点について振り返りました。パスワードは利用することそのものがセキュリティ上大きな問題をはらんでいます。ユーザーにパスワードマネージャーを利用してもらおうにも、Webサイトがそれを促すことは困難です。二要素認証はパスワード単体と比較してセキュリティを大きく高めますが、ログインまでのステップが増えてしまい、サービスの離脱が懸念されます。また、SMSなどのOTPを使うアプローチでは、ユーザーがフィッシング詐欺に遭うリスクは回避できません。パスワードレス認証ではパスワードを使う場合の諸問題を回避できますが、メールアカウントや電話番号の乗っ取り、フィッシングなどのリスクについてはよく理解したうえで利用する必要があります。

---

注12 ログイン画面に多数のID連携先のブランドロゴのボタンが表示されることは、レーシングカーに多数のスポンサーロゴが貼付されていることになぞらえて「NASCAR問題」と言われることがあります。

## Column

### 公開鍵暗号をざっくりと理解する

　公開鍵暗号は、パスキー、WebAuthnの基礎となる、大事な概念です。厳密な説明は、専門の技術書を参照していただくとして、ここでは概念を簡単に説明します。

　パスワード方式による認証は、多くの場合、サーバにはパスワードがそのまま送信されます。通常ブラウザとサーバ間の通信は暗号化されているものの、万が一暗号化されていない経路でパスワードが送信されると、通信を傍受することでパスワードが漏洩してしまいます。パスワードのように、双方で共有された秘密情報を使って認証することを、共有シークレットによる認証と呼びます（**図A**）。

　一方、公開鍵暗号方式による認証は、チャレンジ・レスポンス方式という認証方式のうちの一つです。チャレンジ・レスポンスとは、認証を求めるクライアントが、認証先のサーバで作成されるチャレンジと呼ばれる任意のデータを受け取って、事前に取り決めた処理をしてサーバに返すことで、パスワードなどの秘密情報を直接やりとりせずに認証を行う方式です。シンプルな例としては、古代から伝わる「合言葉」もその一つと言えるでしょう（**図B**）。たとえば、相手が「山」と言えば「川」と返すなど、相手から受け取った情報によって返答を毎回変えることで、そのやりとりを盗聴されていても、認証が突破されることを防ぐことができます。

　もう一つの例として、割り算の余りを使った例も紹介します（**図C**）。

　サーバとクライアントで、秘密の数字、99を共有しているとします。クライアントを認証するとき、サーバは「あなたの持っている秘密の数字を13で割った余りは？」とチャレンジを送ります。

図A　　共有シークレットによる認証のリスク

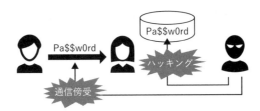

図B　　チャレンジ・レスポンス（合言葉）による認証

# 第1章 パスキー導入が求められる背景

　クライアントは、99÷13＝7あまり8を計算して「余りは8」と返します。
　この方法であれば、毎回割る数字（今回は13）を変更する限り、盗聴されても秘密の数字を導き出すのは難しくなります。秘密の数字、割る数字をとてつもなく大きい数字にしたら、秘密の数字を導き出すのは現実的な時間では不可能です。これで少しイメージはつきましたでしょうか。
　公開鍵暗号方式による認証では、電子署名を利用します。電子署名は、ある秘密鍵を持っている人だけが作成できるデータです。あらかじめ預かっている公開鍵で電子署名の正しさを検証することで、対となる秘密鍵を持っているということの証明になるので、物理の世界における判子の代わりとして、コンピュータの世界では公開鍵暗号方式による電子署名があらゆるところで利用されています。
　公開鍵暗号方式の主な例として、素因数分解を利用したRSA暗号方式や、楕円曲線DSA（ECDSA）方式があります。
　パスキー認証でも、これらの公開鍵暗号方式のいずれかを利用します。サーバから送られた毎回異なるランダムなデータを含む情報に対して、認証器が秘密鍵を使って電子署名したデータを返送することで、サーバは通信相手が秘密鍵の持ち主であることを確認します（図D）。ここで毎回異なるランダムなデータが存在することで、仮に他者が通信を傍受し、後でまったく同じように通信したとしても、秘密鍵を持たない他者は認証を突破することができません。これをリプレイ攻撃耐性と呼びます。

図C 　　チャレンジ・レスポンス（余りの計算）による認証

・簡単な例：鍵を「123456789」、計算方法をチャレンジで割った**余り**とする

図D 　　チャレンジ・レスポンス（公開鍵暗号）による認証

# 第 2 章

## パスキーを理解する
パスキーの特徴や利点を理解しよう

# 第2章 パスキーを理解する

　第1章では既存の認証方法を振り返り、それらの特徴や問題点などを見てきました。本章では背景となる標準技術であるWebAuthnとFIDO2の登場について解説し、その後いよいよパスキーとは何なのか、どういった特徴や利点があるのかを解説していきます。

## 2.1 WebAuthnとFIDO2の登場

　2018年にChromeとFirefox、2019年にSafariと、各主要ブラウザにWebAuthn（ウェブオースン）が実装されました。正式名称は「Web Authentication API」です。WebAuthn[注1]は第1章で述べたセキュリティキーを扱うこともできるJavaScript APIです。パスキーの歴史はWebAuthn APIがブラウザに実装されたことで始まったと言っても過言ではありません。ただし、「パスキー」という言葉が登場したのはもうしばらくあとのことです。

　WebAuthnは、**FIDO2**（*First IDentity Online 2*、ファイドツー）という仕様群の一部として定義されています。FIDO2を構成するもう一つの仕様は、**CTAP2**（*Client To Authenticator Protocol 2*、シータップツー）です。CTAP2は、セキュリティキーやスマートフォンのような、クレデンシャル（認証に使われる情報の総称）を生成・格納したり、認証したりすることのできる**認証器**（第6章で詳しく解説）と、ブラウザのようなクライアントとの間の通信プロトコルを規定する仕様です（**図2.1**）。

　WebサイトはWebAuthn APIを使って認証器にFIDO2クレデンシャルを作

---

注1　デジタルアイデンティティ領域やセキュリティ領域において、明確にコンテキストを表現するために、認証（Authentication）は「Authn」と略します。小文字のnは誤植ではなく、Web上におけるユーザーを認証することを意図し「Authn」と表記されています。同様に、クライアントに権限を与えるなどの表現に用いる認可（Authorization）は「Authz」と略します。

図2.1　**WebAuthnとCTAP2の関係**

成したり、認証器のFIDO2クレデンシャルを使って認証したりすることができます。FIDO2は、従来のセキュリティキーによる所有認証、つまりFIDO U2Fが可能にした公開鍵暗号方式を使った認証方式に加え、生体認証やPINなどでローカルユーザー検証(後述)も同時に利用できるようにしたFIDO UAF仕様の特徴を取り込み、ブラウザで生体認証を活用した二要素認証を便利に実現することができます[注2](図2.2)。

多くのコンピュータやスマートフォンに生体認証機能が当たり前に搭載される時代になったことで、ユーザーはセキュリティキーのような追加の機器を購入することなく、持っているデバイスだけでこの強力な認証機能を手に入れることができるようになりました。

認証器はクレデンシャル作成のリクエストに対し公開鍵暗号ペアを作り、ドメインやユーザーアカウント情報などのメタデータと共に秘密鍵を自身に安全に保存、そして公開鍵を返します(図2.3)。

ここで、生成された秘密鍵を含む認証器の中に保存されるデータを**FIDO2クレデンシャル**、レスポンスとしてサーバに送信されるデータを**公開鍵クレデンシャル**と呼ぶことにします。両方の差を区別する必要がない場合や文脈で判別できる場合など、単純に**クレデンシャル**と呼ぶこともあります。

認証のリクエストに対しては、FIDO2クレデンシャルを使って署名を行い、結果を返します(図2.4)。

---

[注2] FIDO U2F仕様、UAF仕様については、第9章を参照してください。

図2.2　**FIDO U2F、FIDO UAF、CTAP2、WebAuthnの関係**

| FIDO 第一世代 || FIDO2 ||
|---|---|---|---|
| FIDO U2F | FIDO UAF | CTAP2 | WebAuthn |

図2.3　**FIDO2クレデンシャルの作成**

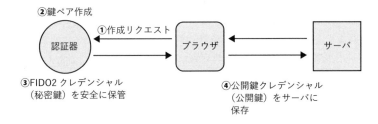

# 第2章 パスキーを理解する

図2.4　FIDO2クレデンシャルの認証

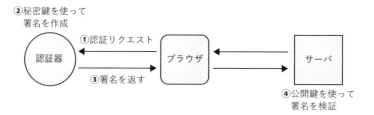

ブラウザは認証器とCTAP2プロトコルを使って通信し、ユーザーがローカルユーザー検証(後述)を完了するとクレデンシャルが取得できるため、これをサーバに送り、登録時であれば公開鍵を保存、認証時は署名を検証して認証を完了します。

認証器がセキュリティキー(ローミング認証器)ではなく、PCやスマートフォン(プラットフォーム認証器)の場合、FIDO2クレデンシャルはそのデバイスの安全な領域に保存されます(6.1節の「認証器」参照)。パスキーになって事情が変わりますが、それについてはのちほど解説します。

## デバイス認証

2018年にWebAuthnがAndroidでも利用可能になると、日本のYahoo! JAPANがコンシューマサービスとしては世界で初めてFIDO2クレデンシャルを使ったパスワードレスな認証方法に対応[注3]しました。この認証方法が登場した当時、パスキーという言葉はまだなかったため、本節ではパスキーと明確に区別するため、PCやスマートフォンなどのデバイスのみに保存されるFIDO2クレデンシャルを利用した認証方式を「デバイス認証」と呼ぶこととします[注4]。

デバイス認証では、所有認証(デバイスの所持)と知識認証(PINやパスワードによるアンロック操作)、もしくは生体認証(生体認証によるアンロック操作)の二要素認証を一段階で認証する、つまり一段階二要素認証と考えることができます。

デバイス認証は、これまでの典型的な二段階二要素認証と比較して、いく

---

注3　https://fidoalliance.org/yahoo-japan-turns-to-fido-authentication-for-enhanced-login/?lang=ja

注4　後に「デバイス固定パスキー」と呼び変えます。

つかの点において画期的なログイン方法でした。

- **フィッシング耐性がある**
  OTPベースの二要素認証にはなく、セキュリティキーでのみ実現可能だったフィッシング耐性がある
- **追加のアプリケーションやデバイスが不要**
  従来の二要素認証で必須だった別のアプリケーションやデバイスに頼る必要がないため、誰でもすぐに使うことができる
- **ワンステップで認証が可能**
  従来の二要素認証のように、アプリケーションを切り替えたりデバイスを差し込んだりする必要がないため、ワンステップで利用することができる

このように、デバイス認証は安全面、利便性の両面において革命的なパスワードレス技術、と言うことができます。実際にSMS認証とデバイス認証を両方採用していたYahoo! JAPANの調査[注5]では、SMS認証ではログイン成功率が65％であるのに対して、デバイス認証ではログイン成功率が74％と向上し、ログインにかかる時間に至っては2.6倍早くなったと発表しています。

## ローカルユーザー検証

WebAuthn仕様で定義されているUser Verificationのことを本書では**ローカルユーザー検証**と呼ぶことにします。User Verificationを訳すと「ユーザー検証」となりますが、あいまいでわかりづらい表現となってしまうためです。

ローカルユーザー検証はFIDO認証における重要な概念で、認証器の持つ当人認証機能、つまりデバイスの持ち主にしかできない**スクリーンロックを解除できることによる当人認証機能**を表します（図2.5）。ユーザーが新しいFIDO2クレデンシャルを作る際、もしくは保存されたFIDO2クレデンシャルを使って認証を行う際、ローカルユーザー検証を行うことで、セキュリティキーで言うところのユーザー存在テスト（1.2節参照）と合わせて、ユーザーがデバイスの持ち主であることを検証できたものとして扱います。

ローカルユーザー検証は、スクリーンロックの機構を使うという意味では共通していますが、デバイスやOSによってそれぞれアプローチが異なります。

- **iOS、iPadOS**
  Face IDやTouch IDを使った生体認証、もしくはパスコード

---

注5 https://web.dev/yahoo-japan-identity-case-study/

# 第2章 パスキーを理解する

図2.5 Androidのデバイス認証におけるユーザーローカル検証

- **Android**
  生体認証、もしくはPIN、パターン、パスワード
- **Windows**
  Windows Helloを使った生体認証、もしくはPIN
- **macOS**
  Touch IDを使った生体認証、もしくはシステムパスワード
- **ChromeOS**
  生体認証、もしくはPIN、Googleアカウントのパスワード

　生体認証を使ってFIDO2クレデンシャルを作るとはいえ、その都度サイトごとに新しい生体情報がデバイスに登録されるわけではありません。このデバイスの持ち主であることを証明する当人認証ですので、OSにあらかじめ登録されている生体情報に対してローカルユーザー検証を行っているだけです。
　またローカルユーザー検証は、デバイスの安全な場所に保存されている生体情報を使ってデバイス内で行われるため、「ローカル」という言葉を用いています。当然、生体情報がサーバに送られることもありません。
　なお、ローカルユーザー検証はFIDO2に対応しているセキュリティキーでも利用可能です。セキュリティキーによっては、デバイス自体に指紋認証機能が付属したものも販売されていますし、生体認証機能がない場合でも、ブラウザやOS、専用アプリを使ってPINを設定したり、認証したりするためのインタフェースとなってローカルユーザー検証を行うことが可能です。

## デバイス認証の欠点

　デバイス認証では物理的にそのデバイスが手もとにあることを証明しないと認証できない、という意味で、リモート攻撃に対して絶大な防御力を発揮します。Googleでは、2018年にセキュリティキーを導入したアカウントの乗っ取り被害がゼロだったことを報告[注6]しました。同様のことはデバイス認証でも言うことができます。デバイスを物理的に手に入れない限り乗っ取れないということは、リモート攻撃を完全に遮断できるため、非常に大きな強みです。

　しかし、デバイスを跨いで利用できるセキュリティキーと違い、認証に使うデバイス自体が認証器となるデバイス認証には欠点もあります。なぜなら、新しいデバイス上でデバイス認証を使ってWebサイトにログインするためには、先に何かしら別の方法でログインしておかなければ、デバイス認証に使うクレデンシャルがまだ存在しない、言い換えれば**デバイス認証は2回目以降の認証にしか利用することができない**、ということを意味しているからです。登録済みのデバイスを用いて、他の端末でログインすることができるクロスデバイス認証（3.5節参照）もありますが、デバイス自体を紛失してしまった場合はどうしようもありません。新しいデバイスでパスワードでログインが可能であれば、せっかくデバイス認証によって確保した安全性に、わざわざ穴を開けることになってしまい、本末転倒です。

　また、古いデバイスで30のアカウントのデバイス認証を行っていた場合、その30アカウントすべてについて、新たなデバイスでクレデンシャルを登録しなおす必要があります。この本の読者のような方はともかく、一般ユーザーにとって、デバイスを乗り換えるたびにこれを繰り返すのは、苦痛としか言い様がありません。

---

注6　https://security.googleblog.com/2019/05/new-research-how-effective-is-basic.html

## 2.2 パスキーの登場

2021年、AppleがWWDC (*The Apple Worldwide Developers Conference*) 2021の「Move beyond passwords」というセッション[注7]で「Passkey」を発表しました。そして、1年間のTechnical Previewのあと、2022年にWWDC 2022の「Meet Passkeys」というセッション[注8]において、正式にSafariでパスキーが利用可能になることを発表しました。ほぼ同じタイミングでFIDOアライアンスからAppleとGoogle、Microsoftが協調してパスキーに対応していくことが表明され[注9]、同年末にはAndroidとGoogle Chromeでパスキーのサポートが開始[注10]されました。

パスキーによる認証は、技術的にはデバイス認証の延長です。基本的にはデバイス認証と同じものであり、これまでFIDO2クレデンシャルと呼ばれていた秘密鍵に、ドメインやユーザーアカウント情報などのメタデータをセットにしたものをパスキーと呼んでいるだけです。ただし、大きく異なる点が2つあります。それは、

- ディスカバラブル クレデンシャルが必須である
- パスキーはパスキープロバイダ（もしくはパスワードマネージャー）に保存され、同期することができる

ことです。

まずは、この2つの大きな特徴について解説します。

### ディスカバラブル クレデンシャル

もともとデバイス認証が登場した時点でDiscoverable Credential（**ディスカバラブル クレデンシャル**）という機能は存在していましたが、Apple Safariと、Windows Helloを使った場合のChromeでしか利用できなかったため、実用的

---

[注7] https://developer.apple.com/videos/play/wwdc2021/10106/
[注8] https://developer.apple.com/videos/play/wwdc2022/10092/
[注9] https://fidoalliance.org/apple-google-and-microsoft-commit-to-expanded-support-for-fido-standard-to-accelerate-availability-of-passwordless-sign-ins/?lang=ja
[注10] https://android-developers.googleblog.com/2022/10/bringing-passkeys-to-android-and-chrome.html

ではありませんでした。ディスカバラブル クレデンシャルが広く使われるようになったのは、スマートフォンシェアの大きいAndroid版Chromeがパスキー対応と同時にサポートし始めてからです。

デバイス認証では、ユーザーが自分のアカウント名を入力したり、Cookieを使ってユーザーを特定したりすることで、サーバに保存されている公開鍵クレデンシャルのIDと一緒にWebAuthn APIを呼び出していました。パスキーでは、ディスカバラブル クレデンシャルを使うことで、ユーザーが誰かまったくわからない状態でも認証することができます。**ディスカバラブル クレデンシャルでは、ユーザーがパスキーを選び、ローカルユーザー検証を行ってログインします。**

Webサイトがディスカバラブル クレデンシャルを使った認証をリクエストすると、ブラウザはパスキープロバイダから利用可能なパスキーのリストを取得し、ユーザーがパスキーを選んだ後、ローカルユーザー検証を求めます（**図2.6**）。クライアントによっては、よく使うアカウントですぐにローカルユーザー検証を求める場合もあります。ローカルユーザー検証が成功すると、認証が完了します。

図2.6　ディスカバラブル クレデンシャルを使った認証時のパスキーのリスト

# 第2章 パスキーを理解する

## パスキープロバイダを使ったパスキーの同期

　パスキーの最大の特徴とも言えるのが、同期機能です。

　パスキーと呼ばれる以前のFIDO2クレデンシャルは、デバイスの安全な領域に保存されると述べましたが、パスキーはパスキープロバイダの機能を持ったアプリケーション、たとえばパスワードマネージャーに保存されます。パスワードマネージャーはその名のとおり、もともとパスワードを保存するためのものですが、デバイス間で同期する機能が備わっており、パスキーを保存するにもうってつけの存在、というわけです。パスワードを置き換えるパスキーを保存するのに、同じ名前で呼び続けるのはいかがなものかという話もありますが、今のところ多くのサービスは「パスワードマネージャー」と呼び続けています。

　同期の詳細は標準化されていないため、パスワードマネージャーの実装依存になりますが、ある程度共通した特徴があります。

### パスキーはどのようにして同期されるのか

　パスキーは従来のFIDO2クレデンシャル同様、秘密鍵とそのメタデータで構成され、パスワードマネージャーの管理するサーバにパスワードマネージャーのアカウントに紐付けたうえでバックアップされ、別のデバイスと同期することができます。保存されたパスキーは、通常、同期される前にデバイスのスクリーンロックPINやパスコード、もしくは事前に設定するマスターパスワードを使って暗号化されます。サーバには暗号化された状態でバックアップされるため、パスワードマネージャー提供事業者に対してもパスキーは秘匿されます。

　新しいデバイスでパスキーを利用する際、ユーザーはまずパスワードマネージャーのアカウントにログインする必要があります。AndroidでデフォルトのGoogleパスワードマネージャーであればGoogleアカウント、AppleデバイスでデフォルトのiCloudキーチェーンであればAppleアカウントといった具合です。いずれの場合もパスワードマネージャーにログインする、というよりはデバイスを使い始めるのにそれぞれのアカウントにログインする必要があるため、それほど違和感のあるフローではないはずです。そのうえで、ユーザーは以前使っていたデバイスのスクリーンロックPINやパスコードなどを入力することでパスキーを復号し、利用することができます。

　このように多くのパスワードマネージャーでは、保存したパスキーに、

- パスワードマネージャーのアカウントにログインする
- 復号するために PIN を入力する

という二重のプロテクションをかけています。

### サードパーティのパスキープロバイダを利用する

多くのユーザーは、OSやブラウザのデフォルトパスワードマネージャーを使ってパスキーを保存したり、パスキーで認証することが想定されます。しかし、各プラットフォーマ（GoogleとApple。Microsoftは2025年予定）は、サードパーティのパスワードマネージャーにパスキーを保存したり、認証に利用したりできるよう門戸を開いています。

デスクトップ環境ではApple、MicrosoftがOSレベルで対応する計画をしていますが、現時点では主にブラウザの拡張機能として実現されています。モバイル環境では、ユーザーが主に利用するパスワードマネージャーをOSレベルで選択できる機能を備える形で実現されています。

代表的なものとしては1PasswordやDashlane、LastPass、Bitwardenが挙げられますが、パスキーに対応したパスワードマネージャーは今後ますます増えていくことが予想されます。

## 同期パスキーとデバイス固定パスキー

パスキーの最大の特徴は同期、と書きましたが、パスキーの中にはまだ同期されないものが存在します。

パスキーに対応する以前のmacOS 11〜12、iOS 14〜15、iPadOS 14〜15や、Googleパスワードマネージャーに対応しない、TPMが内蔵されていないWindows環境でパスキーを作る場合、ディスカバラブル クレデンシャルであっても同期されません[注11]。

Androidの場合、どのブラウザであっても、ディスカバラブル クレデンシャルにすると、パスキーは原則としてパスキープロバイダに作成され、デバイス間で同期されます。しかし、ディスカバラブルではないパスキーを作ると、デバイスに固定され、同期しません[注12]。Androidでは、デバイスに固定さ

---

注11 パスワードマネージャーの特徴について、詳しくは第4章で解説します。
注12 後で説明するクロスデバイス認証の場合はディスカバラブルでなくてもパスキープロバイダで作成される場合があります。

# 第2章 パスキーを理解する

れるパスキーとは、従来のデバイス認証で作られるFIDO2クレデンシャルそのものなのです。

とはいえ、ディスカバラブルにしないことでパスキーをデバイスに固定できる、という特徴はAndroidだけのもののようですし、これもいつまであるかはわかりません。基本的にすべてのパスキーはディスカバラブル クレデンシャルで作る前提で問題ありません。

なお、FIDOアライアンスのWebサイトでは、同期されるパスキーは「**同期パスキー**」(*Synced Passkey*)、デバイスに固定されるパスキーは「**デバイス固定パスキー**」(*Device-bound Passkey*)と明示的に区別する表記があります。また、WebAuthnの仕様ではマルチデバイス クレデンシャル(*Multi-device Credential*)とシングルデバイス クレデンシャル(*Single-device Credential*)という言葉でも表記されています。

## 本書でのパスキーの定義

「同期するのがパスキー最大の特徴」と言いながら、デバイス認証の時代から存在するFIDO2クレデンシャルと同等のものを「デバイス固定パスキー」と呼んでまでパスキー扱いするのは、いかにも矛盾しています。そもそも「パスキー」の言葉の定義がふわっとしていてよくわからないという声は頻繁に聞かれます。

FIDOアライアンスのWebサイトのFAQ[注13]では以下のような回答がなされています。

> From a technical standpoint, passkeys are FIDO credentials for passwordless authentication.…中略…Passkeys can be securely synced across a user's devices, or bound to a particular device (device-bound passkeys).
>
> ——出典:FIDOアライアンスのWebサイトのFAQ(https://fidoalliance.org/passkeys/)

つまり「パスキーはパスワードレス認証用のFIDOクレデンシャルである。…中略…パスキーはユーザーのデバイス間で安全に同期することも、特定のデバイスに固定することもできる。」とされています。これは当初「すべてのデ

---

注13 本書執筆時点で、FAQは調整中となってしまっています。

ィスカバラブルなFIDO2クレデンシャル」とされていたパスキーの説明が2023年に書き換えられたもので、幅が大きく広がりました。この説明に従えば、従来のセキュリティキーに用いられる二要素認証に使うクレデンシャル（FIDO U2F）も、銀行アプリなどで使われるアプリ内での認証や、外付け生体認証デバイスによるクレデンシャル（FIDO UAF）もパスキーということになり、当初の発表内容と大きく矛盾してきます。

一方、通常パスキー実装時に開発者が意識するWebAuthn仕様においては、最新のWeb Authentication: An API for accessing Public Key Credentials Level 3[注14]において、「パスキーはディスカバラブル クレデンシャルのことである」と説明されています。

これらを踏まえて、本書では、**すべてのディスカバラブルなFIDO2クレデンシャル**をパスキーの定義として採用することとします。

また、パスキーには同期パスキーと同期しないパスキーが存在すると述べましたが、**本書では「パスキー」と書いた場合、同期パスキーを指すものとし、例外的に同期しないパスキーに言及する場合は、明示的に「デバイス固定パスキー」**[注15]**や「セキュリティキー」と表記**することとします。

---

注14　https://www.w3.org/TR/webauthn-3/

注15　本書ではFIDOアライアンスの定義とは異なり、「デバイス固定パスキー」はPCやスマートフォン内に保存されるパスキーとし、セキュリティキーは含まないものとします。

**図2.7　本書におけるパスキーの定義**

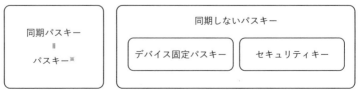

# 第2章 パスキーを理解する

> **Column**
>
> ## ディスカバラブルでないクレデンシャル
>
> 　認証器に格納されるパスキーは、技術的にはFIDO2クレデンシャルと呼びます。このFIDO2クレデンシャルには、大きく分けて2種類あります。ディスカバラブル クレデンシャルと、そうでない（ノン・ディスカバラブルな）クレデンシャルです。一般的なパスキーはディスカバラブル クレデンシャルと同義です。
>
> 　ディスカバラブルとは直訳すると「発見可能な」という意味になりますが、発見可能なクレデンシャルと、発見可能でないクレデンシャルの2種類のクレデンシャルが存在するのは、歴史的な経緯からです。
>
> 　認証器がパスキーを保管するためには、保存領域が必要となります。物理的なデバイスであるローミング認証器を安価に提供するには、必要とされる保存領域は少なければ少ないほど望ましいため、パスキーの情報を認証器内に保管しなくてよい方法が考案されました。これが、ディスカバラブルでないクレデンシャルです。
>
> 　クレデンシャルを認証器で生成すると、認証器は、対応する秘密鍵を生成するための情報を暗号化して、クレデンシャルIDとして、サーバに送ってしまいます。そして、認証を行う際は、チャレンジと一緒に、サーバからクレデンシャルIDを取り寄せるので、メモリ内に秘密鍵を保存しておく必要がないのです。とても画期的な方式ではありますが、この場合、認証時に事前にユーザーIDを送信することで、サーバがユーザー（クレデンシャルID）を特定できる必要があります。そのため、パスワードレスにはなりますが、IDの入力を不要とすることにはならないのです。FIDO2仕様の前身のU2F仕様では、ディスカバラブルでないクレデンシャルが前提でした。
>
> 　こういった経緯から、特に古めのセキュリティキーなどは、ディスカバラブルでないクレデンシャルしか利用できなかったり、ディスカバラブル クレデンシャルを保存できる件数が少なかったりするので注意が必要です。WebAuthn API上でも、Androidでは明示的にresidentKeyパラメータを設定しないと、FIDO2クレデンシャルはノン・ディスカバラブルになります。
>
> 　一方、プラットフォーム認証器は、スマートフォンなどの実質無尽蔵なメモリを活用できるので、安心してディスカバラブル クレデンシャルを作成できます。認証器の中にパスキーが保管されているので、ユーザーがIDを入力しなくてもパスキーを取り出して利用できるため、発見可能＝ディスカバラブル クレデンシャルと呼ばれます。
>
> 　認証器にディスカバラブル クレデンシャルとして格納される必要がある最低限の情報のセットは、クレデンシャルID、RP ID、userHandle（RPでのユーザーを特定するID）、name（パスキー選択時にユーザー向けに表示されるユーザー名）、displayName（パスキー選択時にユーザー向けに表示される表示名）、秘密鍵と公開鍵の鍵ペアです。

## 2.3 パスキーの何が優れているのか

パスキーの概要について説明してきましたが、あらためてパスキーが従来の認証方法と比べて、どういった点で優れているかをまとめてみます。

- リモート攻撃が難しい
- 脆弱なクレデンシャルを作ることができない
- 公開鍵が漏れてもアカウントが盗まれる危険性は低い
- フィッシング攻撃に強い
- ログイン体験がシンプル

### リモート攻撃が難しい

銀行のキャッシュカードはたったの4桁という一見貧弱な知識認証しか備えていませんが、知らない間にお金を盗まれるといったことはほぼありません。これはPINコードという知識認証に加えて、キャッシュカード自体を所有していなければならないという所有認証が必須なため、リモート攻撃が不可能だからです。

パスキーも同様に、パスキーが保存されたデバイスが手もとにない限り認証できないという意味で、理論上オンライン攻撃に対して強い防御力を発揮することができます。

同期している場合は当てはまらないのでは？という点については後述します。

### 脆弱なクレデンシャルを作ることができない

パスワードにおいても、英数、記号など複数の文字種を混ぜたり長くすることで、簡単には推測できない強力なクレデンシャルを作ることができますが、人間が記憶しておくことは難しく、パスワードマネージャーに頼らざるを得ない側面があります。

その点パスキーは、パスワードマネージャーなどのパスキープロバイダの利用は必須になり、公開鍵暗号方式を使うことで、ユーザーが望む望まないにかかわらず、強力なクレデンシャルを作ることができます。

# 第2章 パスキーを理解する

## 公開鍵が漏れてもアカウントが盗まれる危険性は低い

　パスワード認証をする場合は、ユーザーの入力するパスワードが事前に登録されているものと一致するのかを確認する必要があります。そのため、パスワードをハッシュ化した値などをサービス事業者のサーバに保存しておく必要があります。それに対しパスキーを登録する場合は、パスキーと対になる公開鍵クレデンシャルをサーバに保存します。

　公開鍵暗号方式を使うメリットは、たとえ公開鍵が漏れてしまったとしても、公開鍵だけでは署名を偽造したり、秘密鍵を割り出すことは極めて難しいため、直接アカウントの乗っ取りにはつながりにくいことが挙げられます。また、パスワードのように同じ公開鍵がサービスを跨いで使われることもないため、連鎖的な被害が起こることもありません。

## フィッシング攻撃に強い

　パスキーはパスワードやOTPと異なり、フィッシング耐性があります。パスキー登録時、Webサイトのドメイン情報は、メタデータとしてパスキーに保存されます。認証時は、ドメインの一致するWebサイト、もしくは明示的に許可されているドメインであることを、ブラウザが検証します。またサーバでも、ブラウザが認証を実施したドメインが正規のものかを署名で検証することができます。これにより、パスキーはフィッシング被害が非常に起こりにくいしくみであると言えます。

　パスキーがフィッシングに強いことで、実際の被害が減るだけでなく、ユーザーが正しいURLかを気にして認証しなくてよくなることや、そのための啓蒙が必要なくなるという点も大きなメリットです。

　2024年12月時点で、メルカリはパスキーのみを使ったユーザーの不正ログインを観測していないこと、NTTドコモは、オンラインショップでの不正購入の申告を2年以上観測していない[注16]ことを報告しています。

## ログイン体験がシンプル

　パスキーのログイン体験は、ログインに利用したいアカウントを選び、ロ

---

注16 https://cloud.watch.impress.co.jp/docs/news/1647451.html

ーカルユーザー検証を行うのみです。パスワードを入力した後、別のデバイスを操作したり、アプリを切り替えてOTPを記憶、手入力しなければならない二要素認証と比較すると、格段にシンプルで、すばやくログインすることができます。

東急株式会社はTOKYU IDでのログイン時間において、メールベースの二要素認証で平均143秒かかっていたものが、パスキーを導入することで平均12秒まで短縮できるようになったと報告[注17]しています。老若男女幅広く利用される鉄道サービスでログインが必要とされる場面でも、てきめんの効果を発揮しているようです。

## 2.4 パスキーのよくある誤解を解く

ここまで紹介してきたように、パスキーにはさまざまなメリットがありますが、同時に誤解されている側面もあります。ここではよくある勘違いや誤解を取り上げ、それについて解説してみます。

### デバイスを失くしたらパスキーが使えなくなるのでは？

仮にユーザーがパスキーを登録したデバイスを紛失したらどうなるでしょう？

パスキーの最大の特徴はデバイス間で同期できることです。その際に使われるのはパスワードマネージャーのアカウントで、GoogleパスワードマネージャーならGoogleアカウント、iCloudキーチェーンならAppleアカウント、その他のパスワードマネージャーであれば、それぞれのアカウントということになります。つまり、そのアカウントにログインできれば、パスキーは復旧できます。パスワードマネージャーによっては追加でPINやマスターパスワードが必要になることは先に述べたとおりです。

### パスキーを使うと生体情報が収集されるのでは？

生体認証情報が悪意ある組織の手に渡ってしまった場合、今後使う生体情

---

注17 https://web.dev/case-studies/tokyu-passkeys

# 第2章 パスキーを理解する

報を使った認証サービスすべてに悪影響を及ぼす可能性があります。パスワードであれば簡単に変えることができますが、本人にしか存在しない唯一無二の身体的特徴は容易に変えることができません。仮に生体情報が盗まれてしまえば、その生体情報はデジタル情報として流通し、なりすましのターゲットとなり、最悪の場合、その人は一生同じ生体情報を使った認証ができなくなってしまう可能性すらあります。そんなに大切な生体情報をパスキーに使って大丈夫なのでしょうか？

大丈夫です。パスキーを使ったローカルユーザー検証に利用される生体情報やPIN、パスコード、システムパスワードなど、デバイスのアンロックに使用する情報は、デバイスの持つセキュリティチップに安全に保管され、取り出せないしくみになっています。パスキーが同期されることはあっても、これらの情報がネットワーク上に送られることはありません。パスキーで認証を行う際は、ハードウェア的にデバイス上で認証が行われ、公開鍵ペアを発行したり署名を発行したりするトリガとして利用されますが、それらに生体情報が含まれることもありません。

## パスキーはトラッキングに使うことができるのでは？

パスキーにはユーザーのプライバシーを保護するためのさまざまな配慮が施されています。

たとえば、パスキー未登録時の体験を向上させるために、そのWebサイトで利用可能なパスキーがデバイス上に存在するかどうかを調べるAPIが欲しいという開発者からのフィードバックがあります。しかし、パスキーを持っているかがわかるだけでも、ユーザーが未ログイン状態であってもサービスに登録済みかどうかが判定できてしまうため、これはユーザーにとってプライバシーの懸念になってしまいます。そのため、パスキーは意図的にWebサイトがそういったシグナルを受け取ることができないデザインになっています。

また、作ったパスキーのクレデンシャルには一つ一つ異なるIDが振られています。これはある意味、Cookieのような存在をデバイスに保存することになりますが、このIDをトラッキング目的に使うことはできません。なぜなら、ユーザーがパスキーによる認証に成功し、実際にクレデンシャルを得るまでは、WebサイトがそのIDを見ることはできないためです。Webサイトは認証が成功するより前にユーザーがどのクレデンシャルを持っているかを知ることはできないので、それを使ってトラッキングを行うことはできないよ

うにデザインされています。

ディスカバラブル クレデンシャルを利用していても、ローカルユーザー検証に成功するまでWebサイトにパスキーの情報が渡らないのはそのためです。

## パスワードマネージャーの事業者は秘密鍵にアクセスできるのでは？

パスキーが同期されるということは、同期のハブとなるパスワードマネージャーのサーバの管理者が秘密鍵にアクセスできてしまうのでは？と懸念される方もいるかもしれません。

パスキーはほとんどのパスワードマネージャーにおいて、デバイス上で暗号化されたうえで同期されます（エンドツーエンド暗号化）。そのため、同期を仲介するサーバはパスキーに保存された秘密鍵の内容にアクセスすることはできません。仮に同期を仲介するサービスの運営者に悪意ある従業員がいたとしても、秘密鍵にアクセスできないしくみになっています。

ただし、エンドツーエンド暗号を使った同期方法はあくまで「普通はそうする」というレベルのものであり、すべてのパスワードマネージャーがそのように動作することを意味するわけではないことについては、ご留意ください。

どのパスワードマネージャー（パスキープロバイダ）でパスキーを管理するかは、ユーザーの自由な選択に任されています。パスキーはユーザーのものなので、ユーザー自身が信頼できるプロバイダを利用していることを期待するほかありません。

## Webサイト側で保存する公開鍵は暗号化しておく必要があるのでは？

新しいパスキーを作成するとき、デバイス上で公開鍵ペアが作られ、秘密鍵をパスキーとしてパスワードマネージャーに保存し、公開鍵をWebサイトのサーバに保存することはすでに述べました。この際、Webサイトのサーバに保存された公開鍵の安全性はどうやって担保すればよいのでしょうか？

パスワードをサーバに保存する場合、Argon2id、bcrypt、PBKDF2といったアルゴリズムを使ってハッシュ化されたパスワードを保存することが推奨されています。これは、仮にパスワードのデータベースが漏洩したとしても、攻撃者がパスワードハッシュを解析してもとのパスワードを割り出すまでの間に、サービス側が十分な対策を取れるよう時間を稼ぐことを目的としたものです。

# 第2章 パスキーを理解する

それに対しパスキーの場合、ここまで複雑なことをする必要はありません。なぜなら公開鍵はその性質上、仮に盗まれたとしても単体で認証することはもちろん、秘密鍵を割り出したり、署名を生成したりすることは現実的に困難だからです。

よって、公開鍵の暗号化は必須ではありません。サービスのポリシーに従い、データベースに保存するようにしましょう。

## 同期パスキーよりも同期しないパスキーのほうが安全なのでは？

デバイス固定パスキーやセキュリティキーなどの同期しないパスキーであれば物理的に所有者に接触しない限りリモート攻撃は不可能なのにもかかわらず、パスキーを同期するということは、みすみすパスキーをリスクにさらしている、という意見があります。攻撃者がパスキーを同期しているアカウントを乗っ取り、パスキーを奪取されてしまう可能性が否定できないという意味では、ごもっともです。セキュリティを最大限に考えれば確かにそのほうが安心できます。

しかし、デバイス固定パスキーが保存されたデバイスやセキュリティキーをユーザーがなくしてしまった場合を考えてみてください。ユーザーがパスキーを復旧する手段はもはや存在しません。どうやってアカウントを復旧すればよいのでしょう？ 同期しないパスキーが最強の認証手段だとした場合、アカウントを復旧するのは必ずそれに劣る認証手段になります。それが攻撃者に狙われた場合の対策も考えなければなりません。

それならば、なるべくセキュリティの高いアカウント管理機能を提供するプラットフォームにパスキーを預けて同期を行い、よほどのことがない限りアカウントの復旧が必要ない状況を作るほうが、ユーザーに混乱を招かず、結果的により安全と考えられるのではないでしょうか。

また、デバイス固定パスキーを使えば、ユーザーはデバイス乗り換えのたびにパスキーを一つ一つ移し替えなければならないことも、ユーザーにとっては苦行です。

このように、同期パスキーと同期しないパスキーの比較は、「高い安全性＋高い利便性」と「最強の安全性＋低い利便性」の比較と言えます。現状のパスワードや二要素認証と比較して、パスキーはだいぶ「マシ」なのですから、ユーザー体験を損なわない程度の安全性が実現できれば御の字だというのも一つの考え方です。

そういう意味で、サービス要件によって判断するのが良いかもしれません。安全性と利便性の絶妙なバランスを求めるのであれば同期パスキー、より高い安全性を重視するのであればセキュリティキーなどの同期しないパスキー、という具合に使い分けるのが良いでしょう。

## パスキーは二要素認証で利用するもの？

パスキーによくある間違いとして、二要素認証にパスキーを使おうと考えてしまうものがあります。U2F仕様のセキュリティキーによる2要素目の認証にも同じWebAuthnのAPIを使うことから、特にWebAuthnの技術をある程度学んだ人が陥りがちな勘違いです。

パスキーは、サイトごとにユニークでフィッシングに強いという特性から、また、たとえ公開鍵が漏洩したとしてもリスト攻撃は成立しないことから、それ単体で非常に強固なセキュリティ機構を提供します。パスワードを加えたところで、ユーザーに不要な手間を増やすだけで、得られるメリットはほとんどありません。

パスキーが使えるユーザーが相手なら、パスワードと2要素目をまとめてパスキーに置き換え、パスワードレス認証を実現するべきです。

### Column

#### パスキーは多要素認証ではない場合もあるのでは？

パスキーは知識・所有・生体の3つの要素のうち、所有を含めた複数の要素を使う多要素認証が可能であると言われる場合があります。一方で厳密に考えると、パスキーによる認証結果が多要素認証の結果であるかどうかは、当該パスキーを管理しているパスキープロバイダなどの認証器の自己申告によるものであるという点は、特にセキュリティを重視するサービスにおいては、頭に入れておく必要があります。

たとえば、プロトコル上、パスキーによる認証において、認証器が生体認証や知識認証によるローカルユーザー検証を行ったかどうかは、UV（User Verified）フラグによって確認ができます。このUVフラグを設定するのは認証器であるため、RPとしては、認証器によるローカルユーザー検証結果を信頼しているということになります（6.5節の「authenticatorSelection.userVerification」参照）。

しかし、多要素認証であることが確認できないパスキーは、高いセキュリティを要求すべきサービスでは採用すべきではない、ということにはなりま

第2章 パスキーを理解する

> せん。今までは、認証方式の強度は要素数で語られることが多かったですが、昨今、脅威ベースで認証方式のリスク評価を行う動きが増えています。フィッシング耐性のあるパスキーは、フィッシングされうるSMS OTPなどを利用した二要素認証よりもリスクが低いと評価され、米国を中心に金融機関でも採用が進んでいます。

## 2.5 パスキーも銀の弾丸ではない

　従来の認証方法に比べて優れた点の多いパスキーですが、パスキーさえ実装すればすべての問題が解決する、というわけではありません。ここではパスキーを導入したとしてもユーザーアカウントが危険にさらされる可能性について検証してみます。

### セッションCookieが盗まれたら？

　通常ログインを行うと、Cookieなどを使ってセッションが作られます。サービスは、ブラウザから送られてくるセッションCookieを見て、ユーザーがログイン状態であることを認識します。

　パスキーを使うことでログインの体験と安全性を向上できることはわかりましたが、セッションはどうでしょう？ たとえば、ユーザーが使っているデバイスにマルウェアが埋め込まれていた場合、セッションCookieが盗まれるということはあり得ないシナリオではありません。攻撃者はCookieを別の端末にコピー、セッションを再現し、アカウントを乗っ取ることが可能になってしまいます。この場合、ユーザーはすでにログイン済みのため、認証がパスキーなのか二要素認証なのかは問題ではありません。Cookieをいかに守るか、という問題になります。

　Cookieをデバイスに紐付けることでより安全にする、という試みの一つとしてDevice-Bound Secure Credentials（DBSC）という仕様案が検討されています。これはTPM（*Trusted Platform Module*）のようなハードウェアのセキュリティチップを使って公開鍵ペアを作り、Cookieを短いスパンで更新することで安全性を担保しようというものです。本書執筆時点で、google.comの一部で実験的に利

用されていますが、これが広く使われるようになれば、Cookieの窃取によるセッション乗っ取りは、今よりずっと難しくなるかもしれません。

### PINを盗み見たうえでデバイスを盗まれたら？

　パスキーはリモート攻撃に強いと書きましたが、PINを盗み見られたうえでデバイスを盗まれるというケースも想定されます。米国では、実際にパスコードを盗み見たうえでiPhoneが強奪されたという事例が報告されています。犯人は強奪後すぐにAppleアカウントのパスワードを変更し、ユーザーの他デバイスを切り離したうえで、さまざまなアプリから金銭を奪ったそうです。当時はパスキーが普及していなかったため取り沙汰されませんでしたが、今同じ事件が起これば パスキーも役に立たない、と言われてしまうかもしれません。このようなことが現実に起こってしまえば、スマートフォンからアクセスできる全財産、身ぐるみ剥がされるということがあり得ます。

　これは実に恐ろしい話ではありますが、パスキーは物理的な攻撃というより、リモートからの攻撃をできる限り防ぐことを目的とした技術である、ということは大前提として覚えておいてください。ただ、パスワードであってもパスワードマネージャーを使っていれば同じリスクがありますし、使っていなければ苛烈なリモート攻撃にさらされることを考えれば、パスキーのほうがいくらか良いはずです。あとはOSによる盗難対策のさらなる強化に期待しましょう。

### パスワードマネージャーのログインアカウントが乗っ取られたら？

　パスワードマネージャーのアカウントが乗っ取られてしまえば、パスキーが一網打尽に盗まれてしまうのでは？という懸念は妥当です。実際のところGoogleアカウントやAppleアカウントが盗まれる事例は皆無というわけではないため、決済サービスや銀行、政府機関など、この点に警戒している人たちは少なくありません。

　細かいしくみはパスワードマネージャーごとに異なるため一概には言えませんが、二重の防御としてパスワードマネージャーのアカウントの認証に加えて、PINやパスコードを求める場合があります。たとえばGoogleパスワードマネージャーでは、以前使っていたデバイスのPINかパターン、もしくはGoogleパスワードマネージャー専用のPINが必須であり、それを使って暗号

化されたパスキーを復号します。たとえGoogleアカウントやAppleアカウントが盗まれたとしても、試行回数制限のあるPINを入力することで復号を行わない限り、パスキーは使えないため、ユーザーはその間にパスキーをリモートで無効化するなどの対策を行うことができます。

また、GoogleやAppleなどのプラットフォーマの認証機構は、長年大量の攻撃試行に対応してきた経験を活かしたさまざまな強力なセキュリティ機構を持っているという点から、緊急時の対応なども含めてある程度の信頼が置けます。たとえば、新しいデバイスでアカウントにログインすれば、すぐに他のデバイスに通知が届くため、本人が異常に気付けるはずです。また、日本にいるはずの人が突然他国からログインすれば、何かがおかしいのは明らかです。こういったケースを未然に防ぐため、リスクベース認証と呼ばれるしくみも導入されています。

パスキーにデバイスやユーザーに関する情報を紐付けることでリスク判断の材料にするための仕様拡張についてもFIDOアライアンス、W3Cにおいて検討が進んでいます。

## パスキーにアクセスできなくなったら？

鍵は強力であればあるほど紛失したときの対処が困難になります。これはパスキーでも同様です。ユーザーによってはパスワードマネージャーのアカウントにログインできなくなってしまったり、パスキーを復号するためのPINを忘れてしまったり、場合によってはパスワードマネージャーのアカウントが何らかの理由で停止されてしまうこともあるかもしれません。ユーザーがパスワードマネージャーにアクセスできなくなるということは、そこに作ったパスキーのサービスにもアクセスできなくなることも意味します。サービスは、そういった場合のこともしっかり検討しておく必要があります。

パスキーでログインできなくなった場合にどうすべきかは、8.7節にいくつかアイディアを載せていますので、参考にしてください。

# 2.6 まとめ

本章では、UXとセキュリティの絶妙なバランスを実現した新しい認証方式であるパスキーについて、登場までの経緯も含めて説明しました。

パスキーの成り立ち、特徴や利点だけでなく、短所や落とし穴もおわかりいただけたかと思います。パスキーが何を実現し、何を実現しないかを踏まえて、認証機能全体がどうあるべきかを検討してください。パスキーがすべての問題を解決してくれるわけではないからと、現状のパスワードや二要素認証によるログインのみをいつまでも使い続けるのは愚の骨頂です。それぞれの特性をきちんと把握・比較したうえで、利便性や安全性が向上するということを認識し、パスキーの実装に踏み出すなら今です。

---

**Column**

## アカウントのライフサイクルとパスキーの関係性

ユーザーがアカウントを新規登録し、退会するまでの流れを、ライフサイクルと呼びます。ライフサイクルの中で、いくつかのイベントが発生し、サービスはそれに応じた処理を行います。それぞれのイベントとパスキーの関係を見ていきましょう（図A）。

図A　アカウントのライフサイクルの概要

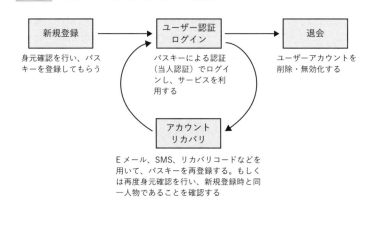

### 新規登録

新規登録においては、通常ユーザーの個人情報を入力してもらい、サービス側は必要に応じてその内容の正しさを確認します。この確認の作業を「身元確認」と呼びます。銀行など、身分証を用いて厳密に身元確認を行うサービスもあれば、EメールやI、携帯電話番号のSMSによる到達確認だけで済ますサービスもあります。ユーザーのプライバシーを保護するために、必要のない情報は求めず、必要な情報は必要となったときに求めるのが原則です。

身元確認を行った後、もしくは並行して、今後ユーザーがサービスにログインするための認証手段として、パスキーを登録してもらいます。

### ユーザー認証・ログイン

新規登録後、ユーザーはサービスを利用する際にパスキーを用いて認証を行います。事前に登録した認証手段(旧来であればパスワードやSMS OTPなど)によって、正当なユーザーであることを確認することを「当人認証」と呼びます。認証に成功したら、サービスを利用可能(ログイン済み)な状態となります。ログイン中は、セッションCookieなどを用いてユーザーとの通信を維持します。セッションCookieの有効期限が切れたら、再度当人認証を行います。

### アカウントリカバリ

ユーザーが事前に登録した当人認証の手段をなくしたり、忘れたりしてしまった場合に、再度サービスを利用可能にする手続きをアカウントリカバリと呼びます。確認済みのEメールアドレスや携帯電話番号のSMSを利用する場合もあれば、再度身元確認を行うことでリカバリする場合もあります。

パスキーが使用できなくなってしまったときのことを考えてアカウントリカバリについても検討をしておくとよいでしょう。アカウントリカバリについては、8.7節で詳しく説明しています。

# 第3章

# パスキーのユーザー体験

## パスキーの体験をイメージしよう

# 第3章 パスキーのユーザー体験

　パスキーを実際に導入する場合、まずはどのようなユーザー体験を提供すべきか考えていく必要があります。今までパスワード認証を採用していたサービスでは、参考になる既存のWebサイトが無数に存在するため、良い体験の真似をすれば実装できていたかもしれませんが、現時点でまだ黎明期にあるパスキーについては、慎重にデザインしていく必要があります。

　パスキーはパスワードと二要素認証を置き換えるものですので、基本的にはパスワードが必要だったところに代わりにパスキーを導入するのが定石となりますが、パスワードにない特性、たとえば同じアカウントに対して複数のパスキーを登録できるなど、まったく異なるコンセプトも踏まえなければなりません。

　多くのサービスで共通して存在する、パスキーが利用されるコンテキストとしては、以下が挙げられます（**図3.1**）。

- パスキーによるアカウントの新規登録
- 既存アカウントへのパスキーの登録
- パスキーによる認証
- パスキーによる再認証
- パスキーの管理画面

　それぞれのコンテキストごとに、どんなユーザー体験になるか見ていきましょう。

図3.1　**本章で紹介するパスキーのユーザー体験の関係**

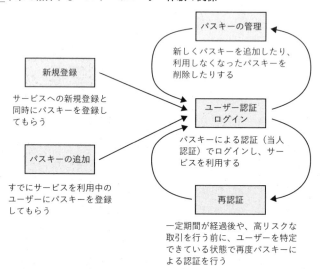

## 3.1 パスキーによるアカウントの新規登録

　従来のパスワード認証方式のサービスでアカウントを新規登録する際、典型的なのはフォームにメールアドレスだけ入力してもらうものです。フォームを送信するとメールアドレス確認用のメールが送られ、ユーザーが記載されたリンクをクリックすると、パスワードを入力する新たなフォームが表示され、そこでパスワードを2回入力した後、登録が完了します。必要に応じて名前や住所などの属性情報を入力するフォームが表示される場合もあります。

　メールアドレスだけ先に入力してもらい、確認メールを送信するのは、メールに記載されたリンクをクリックできれば、メールを受信できる立場にある人物であることが確認できるためです。こうしておくことで、パスワードを忘れてアカウントにアクセスできなくなったユーザーの身元確認をメールで行うことができます。新しいパスワードを2回入力してもらうのは、手入力するユーザーが意図した文字列ではないパスワードの登録を防ぐためです。このパスワードは当人認証の役割を果たします。

　パスキーを使ったアカウントの新規登録は、基本的には上記のパスワードの部分、当人認証をパスキーに置き換えることで実現可能です。新しいパスワードを2回入力するフォームの代わりにボタンを表示し、新しいパスキーを登録してもらうことができます。

　他のオプションとしては、登録のみID連携（1.4節参照）で行う、というアプローチがあります。ID連携はメールアドレスや名前などのユーザーに関する情報をIdentity Provider（IdP）が提供してくれるだけでなく、Googleなど、IdPによってはメールアドレスの存在を保証してくれるため、直接メールアドレスの存在確認をすることなく身元確認が可能で、即座に新しいパスキーの登録を促すことができるため、全体の流れがスムーズになります。

　ただ、これらのフローは本書執筆時点で一般的に行われているわけではないため、参考になるサービスはまだ存在しません。特にパスキーにアクセスできなくなった場合のアカウントリカバリについては慎重に検討が必要です。8.7節を参考にしてください。

## 3.2 既存アカウントへのパスキーの登録

　すでに存在するサービスがパスキーに対応する場合、二段階認証やパスワードレスなどの既存の認証方式にパスキーという選択肢を増やす、というアプローチになります。

　パスキーは公開鍵暗号方式ですので、サービスはパスワードの代わりに公開鍵やクレデンシャルIDなどを含む公開鍵クレデンシャルを保存します。これがいわゆる「パスキーを登録する」ことです。パスキーと、それに紐付く公開鍵クレデンシャルのペアですが、1つの鍵がさまざまなサービスで使い回されるわけではなく、アカウントごとに新しいものが作られます。つまり、ユーザーがサービスにパスキーを登録することは、その都度新しくパスキー（と公開鍵クレデンシャルのペア）を作り、その公開鍵クレデンシャルをサーバに保存する、ということです。

　また、パスキーはパスワードと異なり、1つのサービスに対して複数作ることが可能です。これは、環境ごとにパスキープロバイダを使い分けなければならない場合に対応する意味と、ユーザーが1つのパスキーを誤って削除してしまったとしても、他のパスキープロバイダのパスキーでログインできるため、アカウントリカバリの役割を果たす、という意味もあります。ただし、主要なパスキープロバイダは、同じドメインのサービスに対して同じアカウントでパスキーを作ると、古いものが上書きされる場合がある、という点には注意が必要です。excludeCredentials（第5章参照）をうまく活用して、上書きを防ぐようにしましょう。

　セキュリティ上の重要な注意事項として、ユーザーがパスキーを登録する前に、できるだけ厳密な当人認証を行っておく必要がある、という点が挙げられます。パスキーに対する攻撃というと、攻撃者がパスキーを盗んでログインしてしまう、というシナリオを思い浮かべがちですが、こっそりパスキーが作られてしまう、というシナリオについても考慮しておく必要があります。たとえばパスワード認証が残っているサービスで、攻撃者がユーザーに気付かれないようにアカウントを乗っ取ってログインし、パスキーを作っておき、あとでそれを使ってログインするというシナリオです。仮にユーザーが不正ログインに気付き、パスワードを変更したり、パスワードによるログインを無効化したとしても、有効なパスキーがすでに作られていれば、ログ

インされてしまう可能性があります。

これを防ぐためには、なるべく強い認証方法、たとえば二要素認証やID連携、すでに登録されている別のパスキーを使った認証、などを行うことが考えられます。

すでにアカウントを持っているユーザーに新しくパスキーを登録してもらうルートはいくつか存在します。

## ログイン直後にパスキー登録を促すプロモーションを表示する

ログイン直後の画面で、パスキーが未登録なユーザーに対して新規パスキー登録を促すバナーなどを表示します。ユーザーをパスキーの新規登録画面に案内し、新しいパスキーを登録してもらいましょう。特に二要素認証を行ったあとのユーザーはログインに必要なステップの多さに辟易しているでしょうから、パスキーでそれらが省略できると知れば、喜んでパスキーを作ってくれる可能性があります。また、クロスデバイス認証(3.5節参照)でパスキーを使ってログインしたユーザーは、新しいパスキーを登録することで、以後楽にログインができるようになります。

バナーには、下記のような情報を追加すると良いでしょう。

- 弱いパスワードだとアカウントが盗まれる危険性がある
- パスキーを使えば、複雑なパスワードを作ったり、覚えたりする必要がない
- パスキーを使えば、よりすばやくログインすることができる
- パスキーとは、暗号化されたデジタルの鍵で、指紋や顔、PINなどスクリーンロックを使って作成・認証することができる
- パスキーはパスキープロバイダに保存され、他のデバイスでも認証に使うことができる

ただし、嫌がるユーザーに繰り返し表示しすぎると逆効果になる場合もありますので、プロモーションの表示頻度は調整するのが賢明かもしれません。

### パスキー登録訴求の注意点

公共の場や家族、職場の共有PCやタブレット、スマートフォンなど、他人と共有する前提のデバイスでのパスキー登録には注意が必要です。パスキーはそのデバイスで利用可能なパスキープロバイダで作られるため、共有デバイスでパスキーを登録してしまうと、アカウントが乗っ取られてしまうリスクがあります。

# 第3章 パスキーのユーザー体験

ユーザーが共有デバイスを利用している場合には、パスキーの新規作成をしないように注意喚起を忘れないようにしましょう。

## ケーススタディ

パスキーの登録フローをYahoo! JAPANを例にとって見ていきましょう。

Yahoo! JAPANでは、ログイン直後に**図3.2**のように既存ユーザーに対してパスキー登録を促すページを表示しています。このページでは、サービスの利用を極力妨げないようパスキーの登録を強制してはいません。一度パスキーの登録を回避したユーザーに対しては、一定期間ページを非表示としつつ、定期的にパスキー登録訴求ページを提示することで、ユーザーの望むタイミングでの登録ができるよう考慮されています。

ユーザーがパスキーの登録を選択すると、**図3.3**のようにブラウザがパスキ

図3.2　Yahoo! JAPANのパスキー登録を促すページ

図3.3　Yahoo! JAPANでパスキーを登録するダイアログ

ー登録の確認ダイアログを表示したのち、ローカルユーザー検証を求めます。ローカルユーザー検証が成功すると、サービスへのパスキー登録が完了します。

また、「登録情報」から「ログインとセキュリティ」「生体認証（指紋・顔など）」とたどることで、登録済みのパスキーを管理することもできますし、新しくパスキーを登録することもできるようになっています。

## パスキーの管理画面にパスキー登録ボタンを表示する

パスキーの管理画面を作り、そこにパスキー登録ボタンを表示して、パスキーの複数登録を可能にします。ユーザーをパスキーの新規登録画面に遷移させ、新しいパスキーを登録してもらいましょう。ある程度リテラシのあるユーザーならば、自分の意思でこの画面にたどり着き、追加のパスキーを登録することができます。

## アカウントリカバリ時に、新しいパスワードの代わりにパスキー登録ボタンを表示する

パスワードを忘れるなどの当人認証ができなくなった場合のアカウントリカバリ時、メール送信などによる身元確認が完了したあと、通常であれば新しいパスワードを作ってもらうところですが、代わりにパスキー登録ボタンを表示します。ユーザーをパスキーの新規登録画面に遷移させることで、新しいパスキーを登録してもらいましょう。

## パスキープロバイダからの誘導で登録する

Well-Known URL for Passkey Endpoints（詳しくは8.2節参照）としてJSONファイルを設置することで、パスキープロバイダやブラウザは、Webサイトやアプリケーションがパスキーに対応していることを検知することができます。パスキープロバイダによっては、パスキーが未登録であればユーザーをパスキーの新規登録画面に遷移させてくれますので、この機能から新しいパスキーを登録してもらうルートを用意しましょう。

## パスワードログイン時に自動的にパスキーを登録する

サービスがブラウザを通じて自動的にパスキーを登録させることができる

機能が検討されています。W3CではConditional Registrationと呼ばれています（詳しくは5.3節参照）。Conditional Registrationでは、パスワードによるログインが成功した際に、自動的にパスキーが作成可能なようにデザインされています。ユーザーが自発的にパスキーの新規登録画面に遷移して登録する必要がないため、スムーズな移行が可能になると期待されています。

## 3.3 パスキーによる認証

　パスワード認証方式では、ログインフォームにユーザーがユーザー名とパスワードを入力することでログインが行われ、二段階認証が有効になっていればそのあとに2段階目の認証が求められていました。また、ID連携を利用する場合は「Googleでログイン」などのIdPの認証ボタンをクリックすることでログインが行われていました。

　パスキーによる認証では、ユーザーがパスキープロバイダに保存されているアカウントから利用したいものを選択して、ローカルユーザー検証を行うことでサービスにログインします。ここでアカウントを選択する際に役立つのが、先述したディスカバラブル クレデンシャルです。

　ログイン体験としては、大きく2つ考えられます。一つは、ログインボタンをタップしアカウントを選択、そして認証を行う**ワンボタンログイン方式**。もう一つが、従来であればパスワードログインのために使われていたフォームのオートフィル機能にパスキーで登録されたアカウントを表示し、認証を行う**フォームオートフィル方式**です。

### ワンボタンログインによるパスキー認証

　パスキーはログインに利用したいアカウントを表示できるため、フォームにユーザー名を手入力しなくても、ユーザーがボタンをタップしてアカウントを選択、その後ローカルユーザー検証を行うだけでログインするという体験を実現することができます。極限までログイン画面をシンプルにした、ボタン1つというシンプルなログイン方法です。

　ただ、シンプルなワンボタンログイン方式も、通常のログインフォームと並べてしまうと、その意味が半減してしまいます。通常のユーザー名、パス

ワードフォームの近くに、「パスキーでログイン」ボタンを表示すれば、ユーザーはどちらを選んでよいかわからず、もはやシンプルではありません。

すべてのユーザーがパスキーのみを使ってログインできるサービスであれば、ワンボタンログイン方式が最適解ということになりますが、パスワードや他のログイン方式が残っているサービスにおいては、デメリットを理解したうえで利用する必要があります。

### ケーススタディ

Nintendoのパスキー実装では、「パスワードでログイン」としてユーザー名とパスワードの入力欄が設けられ、その下に「パスキーでログイン」としてワンボタンログインのボタンが表示されています（図3.4）。ユーザーがそのボタンをクリックすると図3.5のようにローカルユーザー検証が求められます。

図3.4　Nintendoのログイン画面で表示されるワンボタンログイン

図3.5　SafariにおけるNintendoのログイン画面のパスキー認証ダイアログ

# 第3章 パスキーのユーザー体験

## フォームオートフィルによるパスキー認証

　パスワードからパスキーに移行中のサービスにおいて、ワンボタンログイン方式は、自分がパスワードを使っているのかパスキーを使っているのか把握できていないユーザーに混乱を招きかねません。

　そこで重宝するのが、**Conditional UI**です。Conditional UIはWebAuthnの機能の一つで、従来であればドメインに適した保存済みのパスワードをサジェストしてくれるブラウザのフォームオートフィルに、パスキーのリストもサジェストしてくれるというものです。ユーザーは自分がパスワードを使っているのかパスキーを使っているのか意識することなく、アカウントを選ぶだけでログインできるため、パスワードからパスキーに移行するのに理想的な体験を提供することができます。

### ケーススタディ

　マネーフォワードでは、このフォームオートフィル方式でパスキーをサポートしています。マネーフォワードIDにメールアドレスでログインする際、パスキー未登録デバイスではメールアドレスとパスワードがサジェストされますが、パスキー登録済みのデバイスでは図3.6や図3.7のようにパスキーがサジェストされます。普段からパスワードマネージャーを利用しているユーザーが、パ

図3.6　**Android版Chromeにおけるマネーフォワードの認証画面で表示されるフォームオートフィルによるパスキー認証ダイアログ**

図3.7　**デスクトップ版Chromeのフォームオートフィルによるパスキー認証ダイアログ**

スワードからパスキーへとスムーズに移行できる、自然なUXになっています。

フォームオートフィルは、まだパスワードを利用する既存ユーザーを多く抱えるサイトで、既存のログインフォームにUI上の変更を加えることなくパスキーを採用する際に適しています。

## 3.4 パスキーによる再認証

ユーザーがすでにログインしている状態で支払いをする場合や、商品の発送先住所を変更する場合、ログイン後一定期間を空けて再びアクセスしようとする場合など、当人認証を再度行いたい場合があります。ここで行われる認証を一般に「再認証」と呼びます。

前述の「認証」では「ユーザーが誰かまったくわからない」状態で行われることが前提でしたが、「再認証」の場合は「ログイン済みのため、ユーザーが誰かわかる」状態で行われる認証、という点が大きく異なります。

パスワードによる再認証では、ユーザー名は省いてパスワードのみ入力するのが一般的ですが、パスキーの場合も、アカウントセレクタを表示させずに、アカウントが指定された状態でローカルユーザー検証だけ行うのが理想的です。パスキーのアカウントセレクタは、初めての認証ではユーザー名の手入力を省けるという意味でメリットがありますが、再認証ではむしろ混乱を招くため避けるべきでしょう。

### パスキーによる再認証フロー

パスキーで再認証するには、ユーザーがアカウントを選択することなく、ローカルユーザー検証のみ行うのが理想です。再認証画面に遷移したあと専用のボタンを表示し、ユーザーがそれを押下することでローカルユーザー検証を行います。

### ケーススタディ

Googleでは、再認証が必要なページにアクセスすると、再認証の画面が表示され、すぐにパスキーによる再認証が求められます（**図3.8**、**図3.9**）。これはワンボタンログインに似たUXになります。

# 第3章 パスキーのユーザー体験

　マネーフォワードでは、再認証が必要なページにアクセスすると、**図3.10**のようにパスワードによる再認証ページが表示され、そのフォーム上にパスキーがサジェストされます。こちらはログイン済みのアカウントに制限された状態のフォームオートフィルログインによるパスキー認証が呼び出されています。

　再認証は、前述のとおり重要な操作の前や決済のタイミングなどに行われます。既存のパスワードによる再認証ページのUIを残すならフォームオートフィル方式に似た再認証を、そうでなければ決済ボタンなどを押したタイミングでワンボタンログイン方式に似た再認証を行うこともできます。

図3.8　Googleの再認証画面で表示されるパスキー認証ダイアログ（iOSの場合）

図3.9　Googleの再認証画面で表示されるパスキー認証ダイアログ（Androidの場合）

図3.10　マネーフォワードの再認証画面で表示されるパスキー認証ダイアログ

## 3.5 クロスデバイス認証

ここまでデバイス単体で完結するパスキーの体験を紹介してきましたが、パスキーが登録済みのスマートフォンを利用して、パスキーのないPCや他のスマートフォンにログインすることも可能です。

細かいフローはユーザーエージェントによって異なりますが、多くのブラウザはパスキーが存在しない場合などに別デバイスでの認証を促すQRコードを表示することができます。フォームオートフィルログインが実装されている場合には、パスワードマネージャーの候補に他のデバイスのパスキーを使用するための選択肢が表示され（図3.11、図3.12）、それを選択するとQRコードが表示されます（図3.13）。

図3.11 Safariでは「近くのデバイスからのパスキー」からQRコードを表示することができる

図3.12 Chromeのパスキーを選ぶダイアログで、「その他のデバイス」からQRコードを選択することができる

図3.13 他のデバイスでQRコードを読み取ってクロスデバイス認証することが可能

パスキー登録済みスマートフォンでそれを読み取る[注1]と、ローカルユーザー検証が行われます。スマートフォン上でパスキー認証が成功すると、自動的にデスクトップでログインが成功します。

クロスデバイス認証を利用するためには、ログインしようとしているデバイスと、パスキー登録済みデバイス双方でBluetoothが利用可能な状態になっている必要があります。これはBluetoothのアドバタイジングパケットを使って（ペアリングする必要はありません）、2つのデバイスが近接していることを保証するためです。これによって、攻撃者が正規のサイトで取得したQRコードをフィッシングサイトでユーザーに表示して遠隔からログインを試みる攻撃を防ぐことができます。

クロスデバイス認証の詳しいしくみは、コラム「クロスデバイス認証のしくみ」も参考にしてください。

## 3.6 パスキーの管理画面

ここまでパスキーの登録と認証のUXについて解説をしてきましたが、パスキーに対応することで新たに必要になる機能がパスキーの管理画面です。パスワード方式の場合は1つのアカウントにつき1つのパスワードが登録されるため、変更機能のみで事足りていました。しかし、パスキーは1つのアカウントに対して複数作ることができるため、ユーザーが自分の持っているパスキーを管理できる画面を作る必要があります。ユーザーにとってわかりやすい管理画面のUXを考えてみましょう。

### パスキーの一覧

パスキーの管理画面では、登録済みパスキーの一覧を表示します。各パスキーには名前とアイコン、作成日時、最終使用日時、使用したOSなどを表示します。登録したパスキーが、同期パスキーであるかどうかを判別するためのラベルも表示するとよいでしょう。

---

注1 通常スマートフォンのデフォルトのカメラアプリで読み取りが可能ですが、古めのAndroidの場合、Google AuthenticatorやGoogleレンズアプリでの読み取りが必要な場合があります。

また、ユーザーが管理しやすいようにパスキーの名前の編集ボタンや、不要になったパスキーを削除するボタンもあるとより良いです。

### パスキーの名前とアイコン

パスキーの名前はユーザーに考えてもらうよりも、可能な限り自動的にパスワードマネージャーの名前を付けるようにしましょう（8.1節参照）。名前を表示する際は、横にパスワードマネージャーのアイコンも表示するとより良いでしょう。

同期しないパスキーだと、同様の方法では名前がわからない場合があります。そんなときはOSやブラウザなど、ユーザーエージェント文字列を使って名前を構成します。またその場合、後述する名前の編集機能によって後から好みの名前に変更できるようにするとより便利です。

### 登録日時・最終使用日時・使用したOS

複数のパスキーが列挙されていると名前とアイコンだけではどれが使用中のもので、どれが不要なものなのかわかりにくい場合があります。そこで、パスキーの登録日時、最終使用日時、使用したOSも補助的な情報として表示するとよいでしょう。登録日時や最終使用日時を表示することで、いつから使用しているのか、最近まで使用していたのか、ということがわかります。

また、使用したOSを表示したり、有効なセッション一覧と紐付けることで、現在も使用しているデバイスなのか判別するためのヒントとなり、そのパスキーの必要、不要の判断につながります。

### 同期パスキーとデバイス固定パスキーのラベル

本書においてパスキーは同期されるものとしましたが、サービスから見た場合、作ったパスキーが同期されるかどうかは、サーバ側でパスキー作成レスポンスを見るまで確認することはできません。また、サービスがそれを制御することもできません。古い環境が残っている現状では、まだデバイス固定パスキーが作られてしまう可能性はあります。ただ、作ったパスキーが同期されない場合、ユーザーにわかりやすく表示することで、ユーザーの期待値をある程度コントロールすることは可能です。同期されないパスキーであることがわかるようにアイコンやラベルを表示し、ユーザーに同期パスキーへの移行の気付きを与えるとよいでしょう。

### 名前の編集ボタン

セキュリティやパスキーというしくみに理解のあるユーザー向けではありますが、自身で管理しやすいようにパスキー名の編集ボタンがあるとよいでしょう。

### 削除ボタン

スマートフォンやPCの買い替え、使用していたパスワードマネージャーの変更などで登録しているパスキーが不要になるケースがあります。その際に、パスキーの名前、最終使用日時、使用したOSなどから不要と判断されたパスキーを確認し、無効化できるように削除ボタンを設置しておくべきです。

## 新規登録ボタン

3.2節で触れましたが、プロモーションとは別に、ユーザーが任意にパスキーを登録できると便利です。パスキー管理画面に専用の新規登録ボタンを用意して、ユーザーが自分で新しいパスキーを登録できるようにしておきましょう。

ただし再度になりますが、他人と共有するデバイス(公共の場や職場の共有PCやタブレットなど)ではパスキーの新規作成をしないように注意喚起を忘れないようにしましょう。もし共有デバイスでパスキーを作成してしまうと、アカウントが乗っ取られてしまうリスクにつながります。

## テストボタン

あると便利なものとして、そのデバイスで登録したパスキーをテストする機能が挙げられます。新規作成したパスキーが正しく動作するか確認するためには、一度ログアウトしてからログインして試す方法が考えられますが、管理画面にテストできる機能があれば、手軽に確認できるうえ、ユーザーにパスキーの便利さを体験してもらえるため、次回以降のログインや再認証も安心して使ってもらえるようになるでしょう。

## ケーススタディ

ここで紹介した一覧や操作の機能を提供する管理画面は、GoogleやYahoo! JAPANといった既存のサービスでも提供されています(図3.14、図3.15)。実際に使って試しながら管理画面のUXを工夫するとよいでしょう。

3.6 パスキーの管理画面

図3.14 Googleのパスキー管理画面の例

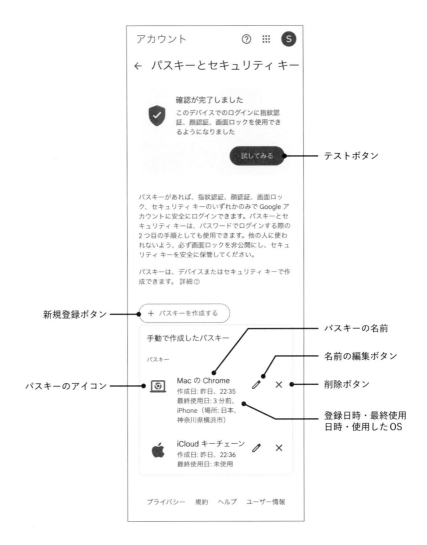

第3章 パスキーのユーザー体験

図3.15 Yahoo! JAPANのパスキー管理画面の例

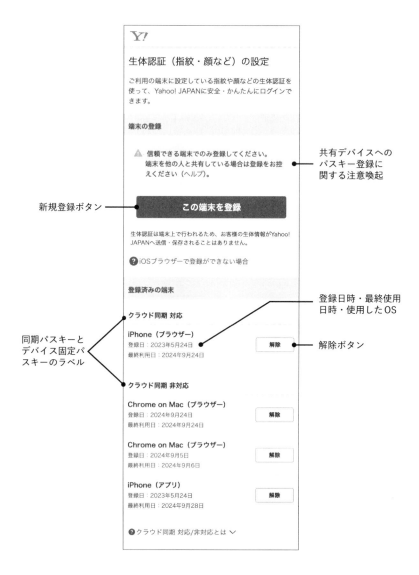

## 3.7 まとめ

本章では、パスキーを導入する際に想定されるユーザー体験をまとめました。UXガイドとしては、FIDOアライアンスが提供するもの[注2]や、Googleが提供するもの[注3]もありますので、そちらも参考にしてください。

ここまででパスキーとはどんなものか、自社サービスに導入したらどうなるのかイメージすることはできてきたのではないでしょうか？

次章では、パスキーが現状どのような環境で利用できるかのサポート状況をまとめて紹介します。

---

注2 https://www.passkeycentral.org/ja/design-guidelines/
注3 https://developers.google.com/identity/passkeys/ux/user-journeys?hl=ja

---

### Column

### パスキーの他人との共有

アプリやサービスのアカウントを、家族間や社内の同僚と共有している場合もあるかもしれません。その場合にパスキーを使うことはできるのでしょうか。

ユーザー目線では、まずは、サービスに複数のパスキーを登録できるかを確認し、一人一人別のパスキーを登録することをお勧めします。それぞれのパスキーを誰が利用しているかを確認できれば、もし誰かがサービスを利用する必要がなくなったときに、そのパスキーだけをサービスの設定画面で無効化すればよいからです。

やむをえず、1つのパスキーを複数人で共有する必要がある場合には、パスキープロバイダによっては、それが可能です。たとえば、iOSのデフォルトのパスワードアプリでは、AirDropで他人にパスキーを共有することができます[注a]。また、オンライン上で複数のユーザーとパスワードやパスキーを保存する領域を共有する機能を提供しているパスワードマネージャーサービスも存在します。

逆に、サービス提供側目線ですと、パスキーは生体認証などで守られているからといって、必ずしも一人のユーザーだけが利用しているとは限らないという点には留意が必要です。

---

注a AirDropによる共有は、お互いの連絡先がアドレス帳に登録されていることが必要です。

# 第3章 パスキーのユーザー体験

> **Column**
>
> ## クロスデバイス認証のしくみ
>
> 3.5節で紹介したクロスデバイス認証のしくみについて解説します。
>
> クロスデバイス認証は、パスキーを構成する仕様の一つ、CTAP2で「Hybrid」通信方式として定義されています。QRコード、Bluetooth Low Energy（BLE）に加えて、インターネット上にあるトンネルサーバを経由する通信を組み合わせたまさにハイブリッドな方式です。CTAP2の前のバージョンであるCTAP1もしくはU2Fには、すでにBLEによる通信方式は定義されていましたが、ペアリングが煩雑だったり、うまく通信できないことがあったため、それを補う方式として開発されました。
>
> QRコードで通信用の暗号鍵などの情報をクライアントからスマートフォンに渡した後、スマートフォンがBLEのアドバタイジングパケットにトンネルサーバとの接続情報を送信します。実際のパスキーによる認証のためのチャレンジや署名データなどのやりとりは、トンネルサーバを経由して行われます。BLE通信が必須なため、パスキーが保存されたスマートフォンと認証するクライアントは近くに存在していることが保証されます。そのうえで、アドバタイジングモードを利用するため、ペアリングが不要となり、また実際の通信はインターネットを経由するため、BLE通信の不安定性問題も解決しています（**図A**）。
>
> トンネルサーバは、認証器側で所有・管理することが前提となっています。執筆時点で最新のCTAP 2.2 Review Draft[注a]では、`cable.ua5v.com`と`cable.auth.com`の2つのドメインが定義されています。それぞれ、GoogleとAppleの所有するドメインで、Android端末、iOS端末を認証器として利用する際に使われるトンネルサーバとなります。エンタープライズなど、アクセスできるドメインに制約がある環境でクロスデバイス認証を行う場合には、この2つのドメインと通信ができるようにしておく必要があります。
>
> 図A　**クロスデバイス認証の概要**
>
>
>
> ---
>
> **注a** https://fidoalliance.org/specs/fido-v2.2-rd-20230321/fido-client-to-authenticator-protocol-v2.2-rd-20230321.html

第4章

# サポート環境
ユーザーの環境ごとに利用できる機能を確認しよう

# 第4章 サポート環境

　第3章までで、パスキーがどういったものなのかは理解していただけたと思います。パスキーは、ユーザーエージェント、パスキープロバイダ、OSというピースが組み合わさって初めて実現します。幅広い環境で利用できる状況が整いつつありますが、たとえばユーザーエージェントの主流となるブラウザは、それが動くOSと組み合わせた場合、接続できるパスキープロバイダが異なります。

　開発者は、それぞれのピースの特徴、およびそれらの組み合わせに、どういったパターンがあり得るのかを把握しておくことで、ユーザーのトラブルを予見することができます。本章では、それらの本書執筆時点の具体的なサポート環境を紹介していきます。ただし、サポート環境は刻一刻と変化していますので、passkeys.dev[注1]などを参考に、最新のサポート状況を確認することをお勧めします。

## 4.1 ユーザーエージェント

　パスキーが利用できるユーザーに最も近い環境はユーザーエージェント、つまりブラウザやアプリケーションです。ブラウザやアプリケーションといっても、開発者が見るべきところはもう少し細かく分かれてきます。

### ブラウザ

　パスキーを利用するためのAPIであるWebAuthnは、すでにGoogle Chrome、Microsoft Edge、Apple Safari、Mozilla Firefoxといったすべてのメジャーブラウザでサポートされていますが、実装という意味ではそれを動かすエンジンについて知っておく必要があります。

　ブラウザには大きく3つのエンジンが存在し、多くの場合、以下の3つのいずれかを使用しています。

- Chromium
- Gecko

---

注1　https://passkeys.dev/

- WebKit

## Chromium

　ChromiumはChromeやEdge、Samsung Internet、Opera、Brave、Vivaldiなど、数多くのブラウザに採用されており、ほぼ同じ機能が利用可能です。Chromiumでは、WebAuthn関連の機能はGoogleを中心に開発されており、Chromeから順番に利用可能になるケースが多い、という点も覚えておくとよいでしょう。また、Chromium系ブラウザのほとんどは、Windows、Android、macOS、iOS、iPadOS、Linuxといったさまざまな OS 上で動作します。ただし、iOS、iPadOS上のブラウザはすべて、OSの制約上エンジンがWebKitなので、挙動はSafariに近いものになります[注2]。

　Chromium系ブラウザの多くは定期的にバージョンアップが行われており、自動的にアップデートされるため、常に最新版が使われていることが想定できます。ただし、OSのバージョンが古いと、ブラウザ以外の理由でパスキーが利用できない可能性もあるので注意が必要です。

## Gecko

　Geckoをエンジンとするブラウザは Firefox が主なものですが、Firefoxは、Windows、Android、macOS、iOS、iPadOS、Linuxといったさまざまな OS 上で動作[注3]します。ただし、iOS、iPadOS上のブラウザはすべて、OSの制約上エンジンがWebKitなので、挙動はSafariに近いものになります。FirefoxはMozillaが中心となって開発されています。

　Firefoxは定期的にバージョンアップが行われており、自動的にアップデートされるため、常に最新版が使われていることが想定できます。ただし、OSのバージョンが古いと、ブラウザ以外の理由でパスキーが利用できない可能性もあるので注意が必要です。

## WebKit

　WebKitをエンジンとするブラウザはSafariが主なものですが、SafariはAppleデバイス上のOS、つまり macOS、iOSおよびiPadOS上でのみ動作します。

---

注2　欧州連合（EU）のデジタル市場法の対応として、Appleは、EU圏内で、WebKit以外のエンジンを利用可能とすると発表しました。今後この動きが日本にもやってくる可能性はあります。https://www.apple.com/jp/newsroom/2024/01/apple-announces-changes-to-ios-safari-and-the-app-store-in-the-european-union/

注3　https://developers.google.com/identity/passkeys/supported-environments

# 第4章 サポート環境

SafariはAppleが中心となって開発されています。

他のブラウザと異なる特徴として、macOS Ventura以前ではOSに依存して利用できるSafariのバージョンが異なる点が挙げられます。古いバージョンのOS（iOS 14.5、iPadOS 14.5およびmacOS Big Sur 11.3未満）を使い続けているユーザーは、WebAuthnに対応していないSafariのバージョンを利用している可能性がある点は考慮に入れておかなければなりません。

基本的にパスキーが使えるか使えないかはブラウザの機能を使って検知できるので、それほど心配する必要はありません。詳しくは第5章をご覧ください。

## ネイティブアプリ

モバイルOSのネイティブアプリでも、WebAuthnと同じ目的でデザインされた、パスキーを利用するためのAPIが用意されています。パスキーのAPIに対応したモバイルOSとは、AndroidおよびiOSとiPadOSです。

同様に、デスクトップOSでも、Windows[注4]とmacOS（iOSと同様のAPI）において、ネイティブアプリ用のAPIが提供されていますが、モバイルOSに比べ需要は少ないと考えられるため、本書での説明は省略します。

iOSおよびiPadOSでは、2021年（iOS 15）からAuthentication Services Framework[注5]で「デバイス認証」に対応しました。その年のWWDC（*The Apple Worldwide Developers Conference*。Appleの年次開発者会議）においてWebAuthnの文脈の中で「パスキー」という言葉が初めて利用され、翌年にリリースされたiOS 16より、iCloudによるパスキーの同期に対応しています。さらに、iOS 17より、サードパーティパスキープロバイダの利用が可能となりました。iOSおよびiPadOSのネイティブアプリでのパスキーの利用は、ASAuthorizationPlatformPublicKeyCredentialProvider API[注6]を利用します。

Androidでは、2018年にFIDO2およびWebAuthnが登場した（本書では「デバイス認証」と呼んでいる）時代から、FIDO2 API[注7]が提供されています。2022年にパスキーが登場してからは、Credential Manager[注8]と呼ばれるJetpackラ

---

注4 https://learn.microsoft.com/en-us/windows/security/identity-protection/hello-for-business/webauthn-apis
注5 https://developer.apple.com/documentation/authenticationservices
注6 https://developer.apple.com/documentation/authenticationservices/asauthorizationplatformpublickeycredentialprovider
注7 https://developers.google.com/identity/fido/android/native-apps
注8 https://developer.android.com/identity/sign-in/credential-manager

イブラリが推奨されています。Credential Managerは、複数のAndroid OS間の差異を吸収するため、サードパーティパスキープロバイダの利用を可能にする（Android 14以降）ため、そしてパスキー専用のAPIを提供するためにデザインされています。

## WebView

モバイルOSではネイティブアプリ用のAPI以外にも、アプリ内でWebコンテンツを表示するためのWebViewと呼ばれる機能が使えるのが一般的です。WebViewはアプリの管理下にあり、アプリが表示内容を取得、改変できるだけでなく、表示中のページのURLをユーザーが正しく確認できない場合があるため、パスワードの入力のようなセンシティブな情報を扱う操作には向いていません。したがって、一般的にはアプリ提供元以外のサービスに対する認証機能を実装することは推奨されていません[注9]。ただし、アプリ提供元のサービスであれば、WebViewを使ったパスキーの利用方法の情報が公式に提供されています。

iOSやiPadOSなどのApple系OSでは、第7章で解説するAssociated Domainsを設定することで、アプリ提供元とドメインのオーナーが同一であることを証明できれば、WKWebViewを介してWebKitをエンジンとしてパスキーを利用することができます[注10]。

Android OSでは、ChromeをエンジンとしたWebViewが使われています。ただし、本書執筆時点で、Android WebViewでパスキーはサポートされておらず、WebViewを内包するアプリからJavaScriptをフックしてアプリ側で処理する方法[注11]が推奨されています。

iOS/iPadOSでもAndroidでも、WebViewのデータの保存領域はアプリごとに分けられています。そのため、パスキーの保存されているパスキープロバイダは共有できるものの、ユーザーのログイン状態やセッションはブラウザと共有することができず、ブラウザ上でログイン済みであっても、ユーザーはアプリごとのWebViewであらためてログインしなおさなければならない点に注意が必要です。

---

注9 https://developers.googleblog.com/en/upcoming-security-changes-to-googles-oauth-20-authorization-endpoint-in-embedded-webviews/
注10 https://developer.apple.com/documentation/authenticationservices/passkey-use-in-web-browsers
注11 https://developer.android.com/training/sign-in/credential-manager-webview

# 第4章 サポート環境

## アプリ内ブラウザ

　WebViewのようにアプリ内でありながら、ブラウザのようにスムーズなWeb閲覧を実現できる機能、つまりアプリ内ブラウザとして、iOS/iPadOSではASWebAuthenticationSession、AndroidではCustom Tabsという機能が提供されています。いずれもアプリ画面そのものに埋め込むことはできませんが、アプリ上というコンテキストのままURL表示など通常のブラウザと似たUIの専用タブが開きます。また、アプリからWebコンテンツにコードなどをインジェクトすることもできないため、セキュリティ上も安心で、認証を扱うのに向いています。また、ブラウザとストレージやCookieを共有できるため、すでにユーザーがブラウザ上でログイン済みの場合、そのセッションを引き継ぐことも可能です。なにより、ASWebAuthenticationSessionとCustom Tabsのいずれも、通常のブラウザのほとんどの機能が利用可能であり、パスキーも利用することができます。

　これらをうまく活用すれば、ネイティブアプリ専用の認証画面を作ることなく、既存のWeb認証機能を流用できるため、開発コストの削減にも役立てることができるアプローチと言えます。認証機能だけOpenID Connectとして切り出している（1.4節参照）ようなケースでは、これはなおさら当てはまるかもしれません。

　なお、WebViewと同様に、ASWebAuthenticationSessionはWebKit（Safari）、Custom Tabsはデフォルトブラウザ（Android端末の多くはChrome）のエンジンが使用されます。

## 4.2 パスキープロバイダ

　セキュリティキーを使って作られたパスキーは、見た目どおりそのセキュリティキーの中に保存されますが、スマートフォンやPC上で作られたパスキーは、パスキープロバイダに保存されます。環境によって利用できるパスキープロバイダは異なりますので、どのような条件で決まるのかを把握しておきましょう。

　なお、本書執筆時点でパスキープロバイダを担う多くのアプリケーションはパスワードマネージャーです。本書で「パスワードマネージャー」といった

場合、パスキープロバイダも兼ねるものとして扱います。

## パスキーの保存先

どのパスキープロバイダにパスキーが保存されるかを意識しないユーザーが多いであろうことは予想されますが、自分のお気に入りのパスキープロバイダを使いたい、というユーザーも存在します。

パスキーのしくみでは、保存先となるパスキープロバイダはユーザーが選択することが可能です。サービス側にそれを制御する方法はありませんし、予測することもできませんが、事後にレスポンス内容からどのパスキープロバイダを使ったかを調べることはある程度可能です（8.1節参照）。

### スマートフォン

古いスマートフォンOSであればOS標準のパスワードマネージャー、新しいスマートフォンOSであれば、ユーザーがOSの設定で選択した任意のパスワードマネージャーがパスキープロバイダとしてパスキーを保存します。詳しくは4.3節を参照してください。

### デスクトップ

デスクトップOSでも、ユーザーがOSの設定で選択したパスワードマネージャーをさまざまなアプリ上でパスキープロバイダとして利用できるようにする動きもありますが、本書執筆時点ではまだ利用できません。

デスクトップOSでは、基本的にブラウザによってパスキープロバイダが決まります。ただし、ユーザーがパスワードマネージャーの提供するブラウザ拡張機能を利用している場合、その動作は拡張機能に依存します。多くの場合は、ブラウザ標準のWebAuthn APIの動作を拡張機能が上書きする形で、そのパスワードマネージャーが動作するしくみになっています。詳しくは4.3節を参照してください。

## 主なパスキープロバイダ

パスキープロバイダにはさまざまなものがありますが、本書執筆時点で多く使われているものはiCloudキーチェーンとGoogleパスワードマネージャーの2つです。ただし、ユーザーがサードパーティのパスワードマネージャー

# 第4章 サポート環境

を利用している可能性もあるため、これら2つの挙動だけでなく、仕様上あり得るあらゆるケースを想定しておく必要があります。

### iCloudキーチェーン

iCloudキーチェーン（macOS 15、iOS/iPadOS 18以降は「パスワード」アプリ）はAppleがmacOS、iOS、iPadOSなどにOSレベルの機能として提供しているパスワードマネージャーで、パスワードはもちろん、パスキーやTOTPの保存・管理に加え、同期することが可能です（図4.1）。ユーザーはAppleアカウントでログインしたうえで、iCloudキーチェーンの同期を有効にしている必要があります。保存されたパスキーは暗号化され、Appleアカウントに紐付けられたiCloudを通じてデバイス間で同期されます。

ユーザーは新しいデバイスに乗り換える際、Appleアカウントにログインのうえ、古いデバイスのパスコードを入力することで、同期したパスキーを復号できます。

### Googleパスワードマネージャー

GoogleパスワードマネージャーはGoogleがmacOS、Windows、Android、

図4.1　macOS 15のパスワードアプリ画面

Linux、ChromeOSなどのOSを跨いで提供しているパスワードマネージャーです（図4.2）。本書執筆時点でiOS/iPadOSは含まれませんが、間もなく対応予定であることが表明されています。

　ユーザーはGoogleアカウントにログインのうえ、Androidデバイスを利用していればそのPINやパターン、なければあらかじめ作っておいたGoogleパスワードマネージャー専用のPINを入力することで、同期したパスキーを復号して利用することができます。

### Windows Hello

　Windows HelloはMicrosoftがWindowsのOSレベルで提供している生体認証機能で、パスキーを保存するパスキープロバイダ的な機能も含まれているようですが、パスワードを保存できるわけでもなく、境界があいまいなままです。Windows Helloを使って作ったパスキーはデバイス上に保存されますが、残念ながら本書執筆時点で、デバイスを跨いだ同期には対応していません。

　Windows Helloとは別にiOS、Android向けにMicrosoft Authenticatorというパスワード、TOTP、プッシュ通知による二要素認証に対応したパスワードマネージャーがリリースされています。2024年5月にパスキーの保存もプレビューできるようになりましたが、Microsoft Authenticatorを同期パスキーのハブとするのか、Windows Helloをリブランドするのかなど、まだ不明な点が

図4.2　AndroidのGoogleパスワードマネージャー画面

# 第4章 サポート環境

多く残ります。

2024年10月、Microsoftからパスキーを同期する計画について発表されましたが、

- プラグイン方式でサードパーティのパスキープロバイダをサポート
- より拡張されたネイティブのパスキーUI
- Microsoftの同期するパスキープロバイダ

ということ以外、本書執筆時点ではブランド名も含めてどのように実現されるかなどは不明です。

### サードパーティパスキープロバイダ

Android OSは14以上、iOS/iPadOSは17以上、macOSは14以上のバージョンで、OSのシステム設定から、サードパーティのパスキープロバイダをデフォルトとして利用する設定にできます。また、デスクトップブラウザでも、拡張機能としてサードパーティのパスワードマネージャーを追加し、パスキーを利用することができます。

代表的なものとしては以下のようなものが挙げられますが、パスキーに対応したパスワードマネージャーは今後ますます増えていくことが予想されます。

- 1Password
- Dashlane
- Bitwarden
- Enpass
- NordPass
- Keeper
- LastPass

## 4.3 OSごとの挙動

パスキーの保存先およびログイン時の取得先となるパスキープロバイダは、サービス運営者から見ると事前に予測することができません。これはパスキーのデザインとして、ユーザーの自由な選択に任されているためです。そのため、

異なるユーザーの環境での挙動についてはある程度把握しておく必要があるでしょう。ここでは、主なOSごと、主なブラウザごとに、パスキーを使ったときにどういう挙動をするかをまとめます。

## Windows

Windowsはバージョン10（1903）以降でWindows Helloを介してデバイス固定パスキーを利用することができます（**表4.1**）。Windows 11（バージョン22H2）以降であれば、設定アプリの「アカウント」➡「パスキー」でWindows Helloに保存したパスキーを確認できる[注12]など、より本格的にパスキーに対応していますが、まだ同期はサポートされていません。

デフォルトのパスワードマネージャーはブラウザごとに異なりますが、ブラウザ拡張機能を導入することによってサードパーティのパスワードマネージャーに保存、同期することも可能です（**表4.2**）。

なお、先述のように、Microsoftは近い将来、公式パスキープロバイダーの提供に加え、OSのAPIとしてサードパーティのパスワードマネージャーが利用できるようになることを公表しています。

### Edge

Edgeでパスキーを作るとWindows Helloに保存されますが、同期はされません（**図4.3**）。

ブラウザ拡張機能を利用することで、サードパーティのパスワードマネー

---

[注12] https://learn.microsoft.com/ja-jp/windows/security/identity-protection/passkeys/

表4.1　**Windows上で動作するブラウザのサポート状況**

|  | Chrome | Edge | Firefox |
| --- | --- | --- | --- |
| ローカルユーザー検証 | ○ | ○ | ○ |
| クロスデバイス認証 | ○ | ○ | ○ |
| フォームオートフィル | ○ | ○ | ○ |

表4.2　**Windows上で動作するパスワードマネージャーのサポート状況**

|  | Chrome | Edge | Firefox |
| --- | --- | --- | --- |
| Windows Hello | ○ | ○ | ○ |
| iCloudキーチェーン | × | × | × |
| Googleパスワードマネージャー | ○ | × | × |

# 第4章 サポート環境

ジャーに保存することも可能です。

ただ、本書執筆時点でWindowsがOSレベルでパスキーの同期やサードパーティパスワードマネージャーをサポートすることがアナウンスされていますので、最新状況は確認してください。

### Chrome

Chromeで作ったパスキーは、WindowsデバイスがTPM（*Trusted Platform Module*）をサポートしていれば、Googleパスワードマネージャーに保存され、同期されます（**図4.4**）。TPMをサポートしていないWindowsデバイスの場合は、Windows Helloに保存され、同期されません。

ブラウザ拡張機能を利用することで、サードパーティのパスワードマネージャーに保存することも可能です。

### Firefox

FirefoxでパスキーをつくるとWindows Helloに保存されますが、同期はされません。

ブラウザ拡張機能を利用することで、サードパーティのパスワードマネージャーに保存することも可能です。

## macOS

macOSはバージョン13以降でパスキーをサポートしており（**表4.3**）、OSの

図4.3 Windows Helloのパスキー作成先の選択ダイアログ

図4.4 Windows版Chromeのパスキー作成先の選択ダイアログ

サポートしているパスキープロバイダとしてiCloudキーチェーンが利用できます（**表4.4**）。ブラウザごとにデフォルトのパスキープロバイダは異なりますが、ブラウザ拡張機能を導入することによってサードパーティのパスワードマネージャーに保存、同期することも可能です。また、バージョン14以降ではシステムレベルでサードパーティのパスキープロバイダにも対応していると謳っていますが、本書執筆時点で利用できるサードパーティのパスキープロバイダは確認できません。

iCloudキーチェーンに保存したパスキーはシステム設定の「パスワード」で確認できますが、macOS 15 Sequoiaからは、独立した「パスワード」アプリから確認することができます。

### Safari

Safariで作ったパスキーはすべてiCloudキーチェーンに保存され、同期されます（**図4.5**）。

表4.3　macOS上で動作するブラウザのサポート状況

|  | Safari | Chrome | Edge | Firefox |
| --- | --- | --- | --- | --- |
| ローカルユーザー検証 | ○ | ○ | ○ | ○ |
| クロスデバイス認証 | ○ | ○ | ○ | ○ |
| フォームオートフィル | ○ | ○ | ○ | ○ |

表4.4　macOS上で動作するパスワードマネージャーのサポート状況

|  | Safari | Chrome | Edge | Firefox |
| --- | --- | --- | --- | --- |
| Windows Hello | × | × | × | × |
| iCloudキーチェーン | ○ | ○ | ○ | ○ |
| Googleパスワードマネージャー | × | ○ | × | × |

図4.5　macOS上のSafariでパスキーを作るとデフォルトでiCloudキーチェーンのダイアログが表示される

# 第4章 サポート環境

ブラウザ拡張機能を導入することによってサードパーティのパスワードマネージャーに保存、同期することも可能です。

### Chrome

Chromeで作ったパスキーはデフォルトでGoogleパスワードマネージャーに保存され同期されますが、iCloudキーチェーン、もしくはChromeプロフィール(デバイス固定パスキー)も選択することができます(図4.6)。

ブラウザ拡張機能を導入することによってサードパーティのパスワードマネージャーに保存、同期することも可能です。

### Firefox

Firefoxで作ったパスキーはすべてiCloudキーチェーンに保存され、同期されます(図4.7)。

ブラウザ拡張機能を導入することによってサードパーティのパスワードマネージャーに保存、同期することも可能です。

## iOS、iPadOS

iOS、iPadOSはバージョン16以降でパスキーをサポートしており(表4.5)、OSのサポートしているパスキープロバイダとしてiCloudキーチェーンが利用できます(表4.6、図4.8)。バージョン17以降では、OSのサポートするパス

図4.6 macOS上のChromeでパスキーを作るとデフォルトでGoogleパスワードマネージャーのダイアログが表示される

図4.7 macOS上のFirefoxでパスキーを作るとデフォルトでiCloudキーチェーンのダイアログが表示される

キープロバイダをサードパーティのものに変更することも可能です。本書執筆時点では未対応ですが、将来的にChromeを介してGoogleパスワードマネージャーもサードパーティパスワードマネージャーとして設定可能になる見込みです。

iCloudキーチェーンに保存したパスキーはシステム設定アプリの「パスワード」で確認できますが、iOS 18からは、独立した「パスワード」アプリから確認することができます。

なお、iOS、iPadOS 14および15では、デバイス固定パスキーを利用することができますが、同期しません。仮にOSをアップデートしても、バージョン14、15で作成されたデバイス固定パスキーがクラウド同期されることはありません。

iOS、iPadOSでは、Safariをはじめさまざまなブラウザが利用できますが、OSの制約からどのブラウザもSafariと同じ動作をします。

表4.5　iOS、iPadOS上で動作するブラウザのサポート状況

|  | Safari | Chrome | Edge | Firefox |
| --- | --- | --- | --- | --- |
| ローカルユーザー検証 | ○ | ○ | ○ | ○ |
| クロスデバイス認証 | ○ | ○ | ○ | ○ |
| フォームオートフィル | ○ | ○ | ○ | ○ |

表4.6　iOS、iPadOS上で動作するパスワードマネージャーのサポート状況

|  | Safari | Chrome | Edge | Firefox |
| --- | --- | --- | --- | --- |
| Windows Hello | × | × | × | × |
| iCloudキーチェーン | ○ | ○ | ○ | ○ |
| Googleパスワードマネージャー | △ | △ | △ | △ |

※Googleパスワードマネージャーが対応すれば、どのブラウザからもパスキーを保存、同期、認証できるようになる

図4.8　iOS上のSafariでパスキーを作るとデフォルトでiCloudキーチェーンのダイアログが表示される

# 第4章 サポート環境

## Android

Androidはバージョン9以降でパスキーをサポートしており(**表4.7**)、OSのサポートしているパスキープロバイダとしてGoogleパスワードマネージャーが利用できます(**表4.8**)。Android 14以降では、OSのサポートするパスキープロバイダをサードパーティのものに変更することも可能です。Android 7および8では、ディスカバラブルではないクレデンシャル(デバイス認証)のみ作成することができます。

### Chrome

Chromeでパスキーを作るとデフォルトでGoogleパスワードマネージャーに保存され、同期されます。Android 14以降であれば、OSのサポートするパスキープロバイダをサードパーティのものに変更することも可能です。

### Edge

EdgeでパスキーをつくるとGoogleパスワードマネージャーに保存され、同期されますが、現時点で他のOS上のEdgeからGoogleパスワードマネージャーにアクセスすることはできません。Android 14以降であれば、OSのサポートするパスキープロバイダをサードパーティのものに変更することも可能です。

### Firefox

FirefoxでパスキーをつくるとGoogleパスワードマネージャーに保存され、同期されますが、現時点で他のOS上のFirefoxからGoogleパスワードマネージャーにアクセスすることはできません。Android 14以降であれば、OSのサポート

表4.7　Android上で動作するブラウザのサポート状況

|  | Chrome | Edge | Firefox |
| --- | --- | --- | --- |
| ローカルユーザー検証 | ○ | ○ | ○ |
| クロスデバイス認証 | ○ | ○ | ○ |
| フォームオートフィル | ○ | ○ | ○ |

表4.8　Android上で動作するパスワードマネージャーのサポート状況

|  | Chrome | Edge | Firefox |
| --- | --- | --- | --- |
| Windows Hello | × | × | × |
| iCloudキーチェーン | × | × | × |
| Googleパスワードマネージャー | ○ | ○ | ○ |

するパスキープロバイダをサードパーティのものに変更することも可能です。

## ChromeOS

ChromeOSがネイティブで対応しているブラウザはChromeのみです（**表4.9**）。ChromeOSはバージョン129以降でパスキーをサポートしており、Googleパスワードマネージャーに保存され、同期されます（**表4.10**）。それ以前のバージョンではローカルユーザー検証自体がサポートされていませんが、クロスデバイス認証でスマートフォンなどを使ってパスキー認証をすることができます。

ブラウザ拡張機能を導入することによってサードパーティのパスワードマネージャーに保存、同期することも可能です。

他のブラウザもAndroidアプリとしてインストール可能ですが、ここでは省略します。

## Linux

LinuxはOSレベルでパスキーをサポートしていませんが、Chromeはバージョン129以降でパスキーを作るとGoogleパスワードマネージャーに保存され、同期されます（**表4.11**、**表4.12**）。それ以前のバージョンではローカルユーザー検証自体がサポートされていませんが、クロスデバイス認証でスマートフォンなどを使ってパスキー認証をすることができます。

デフォルトのパスキープロバイダはブラウザごとに異なりますが、ブラウザ拡張機能を導入することによってサードパーティのパスワードマネージャ

表4.9　ChromeOS上で動作するブラウザのサポート状況

|  | Chrome |
|---|---|
| ローカルユーザー検証 | ○ |
| クロスデバイス認証 | ○ |
| フォームオートフィル | ○ |

表4.10　ChromeOS上で動作するパスワードマネージャーのサポート状況

|  | Chrome |
|---|---|
| Windows Hello | × |
| iCloudキーチェーン | × |
| Googleパスワードマネージャー | ○ |

# 第4章 サポート環境

表4.11　Linux上で動作するブラウザのサポート状況

|  | Chrome | Edge | Firefox |
| --- | --- | --- | --- |
| ローカルユーザー検証 | ○ | × | × |
| クロスデバイス認証 | ○ | ○ | × |
| フォームオートフィル | ○ | × | × |

表4.12　Linux上で動作するパスワードマネージャーのサポート状況

|  | Chrome | Edge | Firefox |
| --- | --- | --- | --- |
| Windows Hello | × | × | × |
| iCloudキーチェーン | × | × | × |
| Googleパスワードマネージャー | ○ | × | × |

ーに保存、同期することも可能です。

## 4.4 まとめ

　パスキーのサポート状況はブラウザ、パスキープロバイダ、OSの組み合わせしだいで無数に存在するため、すべてを把握するのは非常に難しい状況にあります。とはいえ、サードパーティパスワードマネージャーを利用するユーザーの割合はそこまで多くないことを考えれば、主要パスキープロバイダであるiCloudキーチェーンとGoogleパスワードマネージャーの状況、そして将来的に対応するMicrosoftのソリューションを注視していくことが重要と考えられます。

　最新の対応状況についてはpasskeys.devにうまくまとまっているのでご覧いただくとよいでしょう。

第 5 章

# パスキーのUXを実装する
UXの実現に必要なメソッドやパラメータを知ろう

# 第5章 パスキーのUXを実装する

本章ではパスキーの提供で求められる登録、認証、再認証、クロスデバイスでの認証、管理画面の実装についてUXごとに紹介します。まずはイメージを持ってもらうために、パスキーの実装に最低限必要と考えられるメソッドやパラメータに焦点を絞って解説し、パスキーの実装で使用するWebAuthn APIの詳細については第6章で解説します。

はじめにすべてのUXに共通する、サーバとの通信に関わる処理について解説します。

次に、パスキーの利用を開始するための登録UXの実装を学びます。アカウント登録時や認証設定画面、パスキーの訴求画面における既存アカウントへのパスキー追加で必要な機能になります。

続いて、ログイン画面に実装するワンボタンログインとフォームオートフィルログインのUXの実装を学びます。ワンボタンログインは、主たる認証手段としてパスキーを提供する場合に理想的なUXです。一方で多くのサービスではパスワードなども同時に提供しているため、既存のログインフォームに実装しやすいフォームオートフィルログインのUXも解説します。

一度認証状態となってサービスを利用している場合でも、ショッピングの決済やオンライン証券取引など重要な取引の操作をする前には再認証があるといいでしょう。また、複数デバイスの利用も想定して、パスキーを登録済みのスマートフォンを使用したPCへのログインや、登録済みのパスキーを確認するための管理画面のUXについても触れます。

サービスやユースケースごとに必要となる機能について、必須となるパラメータの解説とともに確認していきましょう。

## 5.1 共通処理

WebAuthnはJavaScriptのAPIで、パスキーの作成やパスキーによる認証を行うには、ブラウザで表示するHTML内、もしくはHTMLからリンクされたJavaScriptファイル内でWebAuthn APIの各メソッドを実行します。

WebAuthn APIのパスキー作成・認証メソッドを呼ぶためには、引数としてリクエストオブジェクトが必要となります。このオブジェクトは一般的にサーバで生成します。さらに、メソッドの実行結果はサーバに返却して、検証する必要があります。よって、WebAuthn APIを実行する前後では、必ずサー

バとの通信が必要となります（**図5.1**）。

本節では、サーバとの通信を含む、このあとの実装に共通の処理について解説します。

## パスキー作成リクエストのサーバからの取得と作成レスポンスのサーバへの返却

前述のとおり、WebAuthn APIのパスキー作成・認証メソッドの引数に設定するオブジェクト（パスキー作成リクエストオブジェクト、パスキー認証リクエストオブジェクト）は、サーバでまとめて作成するのが一般的です。なぜなら、それらオブジェクトの中には、絶対にサーバ側で作成しなければならないチャレンジ（乱数）[注1]を含むためです。チャレンジはパスキーによる認証のセキュリティの根幹となるものであり、CSRF（*Cross-Site Request Forgeries*）やリプレイといった、よくあるWebサイトに対する攻撃への対策としても有効なものです。チャレンジはサーバで生成したら、セッションに紐付けて保存しておきます。

チャレンジを含んだリクエストオブジェクトをサーバから取得する方法としては、登録・認証画面を表示する際にサーバで生成してHTMLに埋め込む方法や、処理を行う直前にJavaScriptのFetch APIなどを利用して非同期でサーバから取得する方法が考えられます[注2]。

そして、WebAuthn APIを実行した後のレスポンス（公開鍵クレデンシャル）は、サーバに送り返し、サーバで内容を検証します。その際の検証の一環と

---

注1 パスキーによる認証の中でチャレンジが必要となる理由は、コラム「公開鍵暗号をざっくりと理解する」を参照してください。

注2 リクエストオブジェクトには有効期限があることを考えると、HTMLに埋め込んだとしても、エラー時に非同期で再取得可能としておくことが望ましいです。有効期限（timeout）については第6章で説明します。

図5.1　パスキーの作成、パスキーの認証の実装の概要

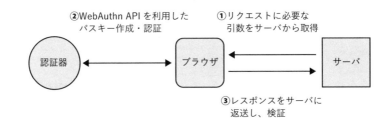

# 第5章 パスキーのUXを実装する

して、保存しておいたチャレンジが、レスポンス内のチャレンジと一致するかを確認します。一度利用したチャレンジは、二度と使えないようにサーバから削除したり、無効化したりします。サーバに送り返すには、フォームのPOSTでも可能ですが、JavaScriptのFetch APIなどを利用して非同期で送信するのが一般的です。

ブラウザ上で、サーバからリクエストオブジェクトを取得した後、WebAuthn APIを実行し、その結果をサーバに返送する一連の流れは、下記のように書くことが可能です。

```javascript
// サーバからリクエストオブジェクトを取得
const request = await fetch('/auth/registerRequest')
if (!request.ok) {
  // エラー処理
}
const options = await request.json();

// リクエストオブジェクトをJSONから変換(必要に応じてPolyfillを利用)
const publicKeyCredentialCreationOptions =
  PublicKeyCredential.parseCreationOptionsFromJSON(options);
// パスキー作成のためのWebAuthn APIの実行
const credential = await navigator.credentials.create({
  publicKey: publicKeyCredentialCreationOptions
});
// レスポンスオブジェクトのJSONへの変換(必要に応じてPolyfillを利用)
const credentialJSON = credential.toJSON();
const credentialStr = JSON.stringify(credentialJSON);

// サーバへの返却
const fetchOptions = {
  method: 'POST',
  headers: {
    'Content-Type': 'application/json'
  },
  body: credentialStr
};
const response = await fetch('/auth/registerResponse', fetchOptions);
if (!response.ok) {
  // エラー処理
}
// 登録後の処理を続ける
```

ところで、リクエスト、レスポンス、どちらのオブジェクトにも`ArrayBuffer`が含まれるため、HTTP通信をするにはエンコード、デコードする必要があります。これまでは開発者がそのためのコードを自分で書く必要がありまし

たが、WebAuthn仕様Level 3では、これを一手に引き受けるJSONシリアライゼーションを行うためのメソッド群が定義されています。

パスキー作成リクエストのJSONからの変換には`parseCreationOptionsFromJSON()`、パスキー認証リクエストのJSONからの変換には`parseRequestOptionsFromJSON()`、各レスポンスのJSONへの変換には`toJSON()`メソッドを利用します。すべてのブラウザで利用できるわけではありませんが、JavaScriptを上書きして利用可能にするPolyfill[注3]があるので、必要に応じて活用してください。

これでブラウザ上のJavaScriptでのリクエスト・レスポンスオブジェクトとJSONの相互変換は簡単になりました。サーバ上での変換についても、利用するライブラリが同等の機能を提供している場合が多いので、活用してください。サーバでの処理については6.3節で解説しています。

## パスキー認証リクエストのサーバからの取得と認証レスポンスのサーバへの返却

パスキーによる認証時も、大まかな処理の流れはパスキー作成と同様です。ブラウザ上で、サーバからリクエストオブジェクトを取得した後、WebAuthn APIを実行し、その結果をサーバに返送する一連の流れは、下記のように書くことが可能です(簡略化のため、エラー処理は省略しています)。

```
// サーバからリクエストオブジェクトを取得
const request = await fetch('/auth/signinRequest');
if (!request.ok) {
  // エラー処理
}
const options = await request.json();

// リクエストオブジェクトをJSONから変換(必要に応じてPolyfillを利用)
const publicKeyCredentialRequestOptions =
  PublicKeyCredential.parseRequestOptionsFromJSON(options);
// パスキーによる認証のためのWebAuthn APIの実行
const credential = await navigator.credentials.get({
  publicKey: publicKeyCredentialRequestOptions
});
// レスポンスオブジェクトのJSONへの変換(必要に応じてPolyfillを利用)
const credentialJSON = credential.toJSON();
const credentialStr = JSON.stringify(credentialJSON);
// サーバへの返却
```

---

注3 https://github.com/MasterKale/webauthn-polyfills/

第5章 パスキーのUXを実装する

```
const fetchOptions = {
  method: 'POST',
  headers: {
    'Content-Type': 'application/json'
  },
  body: credentialStr
};
const response = await fetch('/auth/signinResponse', fetchOptions);
if (!response.ok) {
  // エラー処理
}
// 認証後の処理を続ける
```

パスキー作成時と同様に、必要に応じてPolyfillを使い、リクエスト・レスポンスオブジェクトとJSONへの相互変換を行ってください。サーバでの処理については6.4節で解説しています。

## 5.2 パスキー登録UXの実装

ユーザーがパスキーを登録するためには、パスキーが登録できる環境であるかによって動的にパスキーを登録する処理を実装する必要があります。

### パスキーが登録できる環境かを検知する

パスキーを登録する実装の前に、ユーザーが利用している環境がパスキーを登録できるか検知します。

まずパスキーの登録を行う際には、window.PublicKeyCredentialでブラウザがパスキー(WebAuthn)をサポートしているか確認しましょう。

次にユーザーの利用しているデバイスがパスキーをサポートしていることを確認しましょう。WebAuthn APIにはこれを判定するためのPublicKeyCredential.isUserVerifyingPlatformAuthenticatorAvailable()というメソッドが用意されています。

加えて、フォームオートフィルログインに対応したブラウザであるかも合わせて判定しましょう。これを判定するためにPublicKeyCredential.isConditionalMediationAvailable()というメソッドが用意されています。後述する「ワンボタンログイン認証」を前提とする場合には、この判定は不要です。

これらの条件を満たせた場合にはパスキーが利用可能なため、パスキー登録ボタンを表示します。そうでない場合にはパスキーの登録が不可であることをユーザーに伝えるとよいでしょう。

```
if (window.PublicKeyCredential &&
    PublicKeyCredential.isUserVerifyingPlatformAuthenticatorAvailable &&
    PublicKeyCredential.isConditionalMediationAvailable) {
  // デバイスがパスキーをサポートしているか、フォームオートフィルログイン対応ブラ
ウザであるかを確認
  Promise.all([
    PublicKeyCredential.isUserVerifyingPlatformAuthenticatorAvailable(),
    PublicKeyCredential.isConditionalMediationAvailable(),
  ]).then(results => {
    if (results.every(r => r === true)) {
      // ユーザーにパスキーを登録してもらう処理（パスキー登録ボタンを表示）
    }
  });
}
```

## パスキー作成リクエスト

「新しいパスキーを登録する」などのボタンを表示し、ユーザーがそれを押したタイミングで次のコードを実行することで、新しいパスキーの作成、登録フローがスタートします。パスキーを作成すると、公開鍵クレデンシャル（`PublicKeyCredential`）が返ってきます。ここではこれをパスキー作成レスポンスと呼びます。

その際、サーバ側で生成した `challenge` を含むパスキー作成リクエストオブジェクト（`publicKeyCredentialCreationOptions`）を指定します。サーバとの通信は6.3節を参照してください。

下記のコード例では、サーバを実装する前に、フロントエンドだけでWebAuthn APIの処理を試してみることができるように、`challenge` の生成処理、ダミーの `user.id` の作成処理を追加しています。なお、コード内にある「*****」は省略表記で、実装ごとに異なる `ArrayBuffer` であることを表しています（以降同様）。

```
const challenge = new Uint8Array(32);
crypto.getRandomValues(challenge);

const publicKeyCredentialCreationOptions = {
```

第**5**章 パスキーのUXを実装する

```javascript
  challenge,                                          ──❶
  rp: {
    name: 'Example Website',
    id: 'example.com',                                ──❷
  },
  user: {
    id: new Uint8Array([65, 66, 67, 49, 50, 51]).buffer,
    name: 'gihyo.shiro',                              ──❸
    displayName: '技評 四郎'
  },
  pubKeyCredParams: [
    {alg: -8, type: 'public-key'},
    {alg: -7, type: 'public-key'},
    {alg: -257, type: 'public-key'}
  ],
  excludeCredentials: [{
    id: *****,
    type: 'public-key'                                ──❹
  }],
  authenticatorSelection: {
    authenticatorAttachment: 'platform',  ──❺
    requireResidentKey: true,             ──❻
    userVerification: 'preferred'         ──❼
  },
  hints: ['client-device']                ──❽
};

const credential = await navigator.credentials.create({
  publicKey: publicKeyCredentialCreationOptions
});
```

### ❶ challenge —— CSRFやリプレイ攻撃からの防御

通常サーバで生成するランダムなデータです。毎回異なるデータを利用することで、第三者からの不正なパスキー作成を防止します。

上記のサンプルコードでは、ランダム文字列を生成する処理を追加していますが、実際に公開するWebサイトでは、`challenge`はサーバで生成し、セッションに紐付けて保存しておいてください。

### ❷ rp —— RPに関する情報

RPとは、Relying Partyの略で、パスキーによる認証を受け入れるWebサイトのことです。`name`には、パスキープロバイダで表示するためのWebサイトの名称を、`id`には、Webサイトのドメインを指定します。詳細は6.1節の

92

「Relying Party」を参照してください。サーバを実装する前に、WebAuthn APIの処理を手もとで試す場合は、`'localhost'` を指定することも可能です。

### ❸ user ── ユーザーに関する情報

ユーザーに関する情報を指定します。`id`には、ログイン時にサーバ上でユーザーを特定するためのIDを`ArrayBuffer`として指定します。`name`には、ユーザーがログインに利用するユーザー名を、`displayName`には、アカウントを見分けるための表示名を指定します。ユーザーの環境によっては、`displayName`は無視される場合もあります。

上記のサンプルコードでは、`ABC123`という文字列を`ArrayBuffer`に変換した値を指定していますが、実際に公開するWebサイトでは、サーバ側で生成してください。

### ❹ excludeCredentials ── 同一ユーザーで登録済みのクレデンシャルIDのリスト

`excludeCredentials`は、同じパスキープロバイダ上で同じユーザーに対して2つ以上のパスキーが登録されることを防ぎます。すでにサーバに保存されている当該ユーザーに紐付く公開鍵クレデンシャルのクレデンシャルIDすべてを`PublicKeyCredentialDescriptor`オブジェクト（6.5節の「excludeCredentials」を参照）の配列として渡してください。

`excludeCredentials`に含まれる公開鍵クレデンシャルをすでに保存しているパスキープロバイダ上で、パスキーを重複して作成しようとした場合、パスキー作成リクエストはエラーになり失敗します。

サーバを実装する前にWebAuthn APIの処理を試してみる場合には、`excludeCredential`は空の配列を指定しても問題ありません。

### ❺ authenticatorAttachment ── パスキーの保存場所

パスキープロバイダにパスキーを作成する場合は、`authenticatorSelection.authenticatorAttachment`に`'platform'`を指定します。YubiKeyなどのセキュリティキーにパスキーを登録する場合には、`'cross-platform'`を指定します。どちらでも良い場合は、指定しません。

### ❻ requireResidentKey ── ディスカバラブル クレデンシャル

作成するパスキーをディスカバラブル クレデンシャルにするかどうかを指定します。本書で説明しているUXを実現するには、`authenticatorSelection.`

# 第5章 パスキーのUXを実装する

requireResidentKey を true にしてください。これにより、オートフィルやアカウントセレクタを使った認証を実現できます。

### ❼userVerification —— ローカルユーザー検証

パスキー作成時にローカルユーザー検証を要求するためには、userVerification に 'preferred' を指定します。'required' を設定するとユーザーの環境によってはユーザーが混乱する UX になる可能性があるため、特にセキュリティを高めたい場合を除き、'preferred' を設定することを推奨します。詳細は 6.5節の「authenticatorSelection.userVerification」を参照してください。

### ❽hints —— RPが要求する認証ダイアログのヒント

ユーザー向けに表示する認証ダイアログのヒントを与えます。ここでは 'client-device' を指定します（hints に対応しているブラウザは本書執筆時点でChromeのみです）。詳細は6.3節を参照してください。

### サーバ処理

WebAuthn API を実行して返却されたパスキー作成レスポンス（公開鍵クレデンシャル）は、JavaScriptを利用して、同期もしくは非同期でサーバに送信します。サーバで受信したパスキー作成レスポンスは内容を検証し、公開鍵をデータベースへ登録します。詳細は6.3節を参照してください。

## 5.3 パスワードログイン時に自動でパスキー登録するUXの実装

ユーザーがパスワードによるログインを成功した際に自動的にパスキーを登録することができます。Apple が Automatic passkey upgrade[注4] として実装を紹介していますが、WebAuthn では Conditional Registration と呼ばれています（図5.2）。本書執筆時点では iOS 18、macOS 15 の WebKit 系ブラウザのみがサポートをしていますが、いずれ他のブラウザでも同様の機能が実装されるこ

---

注4　https://developer.apple.com/jp/videos/play/wwdc2024/10125/

## 5.3 パスワードログイン時に自動でパスキー登録するUXの実装

とが期待されています。

```
// Automatic passkey upgrade
if (window.PublicKeyCredential &&
    PublicKeyCredential.getClientCapabilities) {
  const capabilities =
    await PublicKeyCredential.getClientCapabilities();  ──❶
  if (capabilities.conditionalCreate) {                 ──❷

    const options = {
      publicKey: publicKeyCredentialCreationOptions,
      mediation: 'conditional'  ──❸
    };

    await navigator.credentials.create(options);
  }
}
```

### ❶ getClientCapabilities() ── 各種パスキーの機能検知

`PublicKeyCredential.getClientCapabilities()`は各種パスキーの機能を検出するための関数です。この機能は本書執筆時点でSafari 17.4以降でのみサポートされています。詳細は6.2節の「利用可能な機能をまとめて確認する」を参照してください。

### ❷ conditionalCreate ── 自動パスキー作成の検知

`getClientCapabilities()`で返却されるオブジェクトの`conditionalCreate`が`true`の場合には、自動パスキー作成の機能が使用できます。

### ❸ mediation ── 自動的にパスキーを作成

`navigator.credentials.create()`の呼び出しに`mediation: 'conditional'`を追加することでパスワードの自動入力後に自動的にパスキーを作成します。作成されたパスキーの登録は前述のパスキー登録UXと同様の処理を行ってください。

図5.2 Automatic passkey upgradeによる自動パスキー登録時の通知

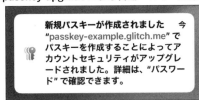

# 第5章 パスキーのUXを実装する

## 自動パスキー登録が発動しないケース

Appleでは前述のアップデートで各OSにパスワードマネージャーである「パスワード」アプリが追加されています。Automatic passkey upgradeを発動させ自動的にパスキーを登録するためには、以下のOSの設定がオンになっている必要があります。

- iOS
設定➡アプリ➡パスワード➡「パスキーの自動アップグレードを許可」をオン（デフォルトでオンの状態）（**図5.3**）

- macOS
「パスワード」アプリ➡メニューの「パスワード」➡設定➡「自動的にパスキーを作成」をオン（デフォルトでオンの状態）（**図5.4**）

デフォルトの設定はオンになっているようですが、ユーザー自身で自動登録しないように設定変更ができます。共有端末上で使用者の知らないところ

図5.3　iOSのAutomatic passkey upgradeの設定

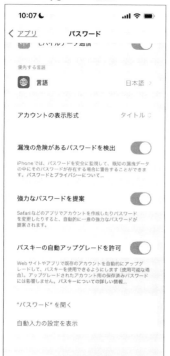

図5.4　macOSのAutomatic passkey upgradeの設定

でパスキーが登録されてしまうのを防げるようになっているようです。今後、他のOSでも同様の設定機能が提供されるかもしれません。

このほかにもそのWebサイト上ですでにパスキーが登録されている場合、手動のパスワード入力やメールOTP、SMS認証などで「パスワード」アプリを利用せずログインをする場合などではAutomatic passkey upgradeは発動しないようです。実装時にはさまざまなケースを考慮してテストしておきましょう[注5]。

### サーバ処理

基本的には通常のパスキー作成時と同様ですが、Automatic passkey upgrade発動時は、ユーザー存在テストもローカルユーザー検証も実施されない状態でパスキー作成レスポンスが返却されることになります。ユーザー存在テストを実施しないという点は、今までのパスキーの前提と大きく異なるため、ライブラリが対応しているか確認しましょう。

## 5.4 ワンボタンログインUXの実装

パスキーはパスキープロバイダに保存された情報をもとに、ログイン可能なアカウントのリストを取得することができるため、フォームにユーザー名を手入力してもらわなくても、ブラウザがアカウントリストを表示してくれます。これを利用することで、表示されたリストの中からログインしたいアカウントを選択し、ローカルユーザー検証を行うだけでログインする、という体験を実現することができます。ただしワンボタンログインは、パスキー以外のログイン方法が存在している場合、ユーザーにログイン方法の選択を迫るものとなってしまうため、実装は慎重に行ってください。

### パスキーで認証できる環境かを検知する

ワンボタンログインの認証を可能にする前に、`window.PublicKeyCredential`でブラウザがパスキー（WebAuthn）をサポートしているか確認しましょう。

---

注5　執筆時点で唯一対応しているSafariでは、パスキーが自動で作成された旨の通知を、ユーザーが利用しているパスキープロバイダから表示するようです。そのため、設定でパスキープロバイダの通知をオフにしていると、完全にサイレントでパスキーが作成されることになります。

# 第5章 パスキーのUXを実装する

WebAuthnが利用できる場合は、パスキーの認証を可能にする処理を行います。そうでない場合には、別の認証方法を提示するとよいでしょう。

```
if (window.PublicKeyCredential) {
  // パスキーの認証を可能にする
} else {
  // パスキー以外の認証方法を提示する
}
```

なお、ここでは`PublicKeyCredential.isUserVerifyingPlatformAuthenticatorAvailable()`を用いた判定をしません。パスキーを直接操作できない環境であっても、通常クロスデバイス認証は利用することができるためです。

## ワンボタンログイン認証リクエスト

「パスキーでログイン」などのボタンを表示し、ユーザーがそのボタンを押したタイミングで次のコードを実行することで、パスキーを使った認証フローがスタートします。認証が成功すると、パスキー認証レスポンスが返ってきます。

その際、サーバ側で生成したchallengeを含むパスキー認証リクエストオブジェクト(publicKeyCredentialRequestOptions)を指定します。サーバとの通信は6.4節を参照してください。下記のコード例では、サーバを実装する前に、フロントエンドだけでWebAuthn APIの処理を試してみることができるように、challengeの生成処理を追加しています。

```
const challenge = new Uint8Array(32);
crypto.getRandomValues(challenge);

const publicKeyCredentialRequestOptions = {
  challenge: challenge,      ——❶
  rpId: 'example.com',       ——❷
  userVerification: 'preferred'  ——❸
};

const credential = await navigator.credentials.get({
  publicKey: publicKeyCredentialRequestOptions
});
```

❶ **challenge** —— CSRFやリプレイ攻撃からの防御

通常サーバで生成するランダムなデータです。毎回異なるデータを利用す

ることで、第三者からの不正な認証を防止します。

　上記のサンプルコードでは、ランダム文字列を生成する処理を追加していますが、実際に公開するWebサイトでは、challengeはサーバで生成し、セッションに紐付けて保存しておいてください。

### ❷rpId ── RPのIDを指定

　RPとなるWebサイトのドメインを指定します。詳細は6.1節の「Relying Party」を参照してください。サーバを実装する前に、WebAuthn APIの処理を試す場合は、'localhost'を指定することも可能です。

### ❸userVerification ── ローカルユーザー検証

　パスキー作成時にローカルユーザー検証を要求するためには、userVerificationに'preferred'を指定します。'required'を設定するとユーザーの環境によってはユーザーが混乱するUXになる可能性があるため、特にセキュリティを高めたい場合を除き、'preferred'を設定することを推奨します。詳細は6.5節の「authenticatorSelection.userVerification」を参照してください。

## サーバ処理

　WebAuthn APIを実行して返却されたパスキー認証レスポンス（公開鍵クレデンシャル）は、JavaScriptを利用して、同期もしくは非同期でサーバに送信します。サーバで受信したパスキー認証レスポンスは、あらかじめ保存しておいた公開鍵を使って署名検証などを行い、成功すればログインセッションを開始します。認証レスポンスにはローカルユーザー検証の検証結果が含まれています。リクエスト時にローカルユーザー検証を要求しているため、サーバ側においてもローカルユーザー検証の結果を必ず確認してください。基本的にはお使いのライブラリのやり方に従うだけでかまいません。詳しくは6.4節を参照してください。

第5章 パスキーのUXを実装する

## 5.5 フォームオートフィルログインUXの実装

　パスキーはパスキープロバイダに保存された情報をもとにログイン可能なアカウントのリストを取得することができるため、フォームの入力欄にカーソルを置くだけでブラウザが自動的にアカウントリストをオートフィルのサジェストリストとして表示してくれます。そのリストからログインに利用したいアカウントを選択し、ローカルユーザー検証を行うだけでログインする、という体験を実現することができます。

### フォームオートフィルログインが利用できる環境かを検知する

　フォームオートフィルログインの認証を発動する前に、window.PublicKeyCredentialでブラウザがパスキー(WebAuthn)をサポートしているか確認しましょう。

　また、フォームオートフィルログインに対応したブラウザであるかも合わせて判定しましょう。これを判定するためにPublicKeyCredential.isConditionalMediationAvailable()というメソッドが用意されています。

　これらの条件を満たせた場合には、パスキーの認証を発動する処理を行います。

```
if (window.PublicKeyCredential &&
    PublicKeyCredential.isConditionalMediationAvailable) {
  // フォームオートフィルログイン対応ブラウザであるかを確認
  const isCMA = await PublicKeyCredential.isConditionalMediationAvailable();
  if (isCMA) {
    // フォームオートフィルログインのパスキーの認証を発動する
  }
}
```

### フォームオートフィルログイン認証リクエスト

　フォームオートフィルログインは、ユーザーがページを訪れてからなるべく早く下記のコードを実行します。ユーザーがフォームオートフィルログインを使ったパスキー認証に成功すると、パスキー認証レスポンスが返ってきます。

## 5.5 フォームオートフィルログインUXの実装

ワンボタンログインとのコード上の大きな違いは、`mediation: 'conditional'`を指定することと、HTMLの`input`タグの`autocomplete`属性に`"webauthn"`を指定すること、そして、ユーザーがボタンを押した後ではなく、上述のとおりページロード直後に実行することです。

なお、待ち状態のWebAuthn APIは2つ以上呼び出すことができません。同一ページ上で、ワンボタンログインUXを実行するためには、フォームオートフィルログイン認証リクエストを中断できるように、`AbortController`を利用しましょう。`AbortController`の詳細はこの後、5.8節で説明します。

```
const abortController = new AbortController();
const abortSignal = abortController.signal;

const credential = await navigator.credentials.get({
  publicKey: publicKeyCredentialRequestOptions,
  mediation: 'conditional', ─────❶
  signal: abortSignal
});
```

```
<input type="text" name="username"
  autocomplete="username webauthn" ...> ──❷
```

**❶ mediation** ── パスキー登録済みのユーザーにだけ選択肢を見せたい

`navigator.credentials.get()`の呼び出しに`mediation: 'conditional'`を追加することでフォームオートフィルログインを指示することができます。ただし、後述のとおり、`input`タグに`autocomplete`属性を指定する必要があります。

**❷ autocomplete="webauthn"** ── パスキーでもパスワードのオートフィルと同じ挙動にする

上記の`mediation: 'conditional'`と合わせて、HTMLで`input`フィールドの`autocomplete`属性に`"webauthn"`を追加することで、ブラウザのフォームオートフィル機能と連携し、パスワード一覧にパスキーもサジェストされるようにすることができます。なお、フォームオートフィル方式を採用している場合はパスキーと並行してユーザー名とパスワードでのログインもサポートしているはずですので、ユーザー名もオートフィル可能なように`autocomplete`属性に`"username"`も併記しましょう。

第5章 パスキーのUXを実装する

## サーバ処理

WebAuthn APIを実行して返却されたパスキー認証レスポンス(公開鍵クレデンシャル)は、JavaScriptを利用して、同期もしくは非同期でサーバに送信します。サーバで受信したパスキー認証レスポンスは、あらかじめ保存しておいた公開鍵を使って署名検証などを行い、成功すればログインセッションを開始します。認証レスポンスにはローカルユーザー検証の検証結果が含まれています。リクエスト時にローカルユーザー検証を要求しているため、サーバ側においてもローカルユーザー検証の結果を必ず確認してください。基本的にはお使いのライブラリのやり方に従うだけでかまいません。詳しくは6.4節を参照してください。

# 5.6 再認証UXの実装

ログイン済みのユーザーのセッションにおいて再認証を行うときは、CookieなどからユーザーIDがわかっているため、ユーザーにアカウントを選んでもらう必要はありません。すでに再認証の対象となるユーザーはわかっているのに、ほかのアカウントを含むアカウントセレクタを表示するとかえって混乱を招いてしまいます。アカウントセレクタを表示せずに、パスキー認証を行いましょう。

実装方法は、5.4節「ワンボタンログインUXの実装」、5.5節「フォームオートフィルログインUXの実装」とほとんど同じです。差分のみ解説します。

## ワンボタンログイン方式の再認証リクエスト

「パスキーでログイン」などのボタンを表示し、ユーザーがそのボタンを押したタイミングで次のコードを実行することで、パスキーを使った認証フローがスタートします。認証が成功すると、パスキー認証レスポンスが返ってきます。

```
const publicKeyCredentialRequestOptions = {
  challenge: challenge,
  rpId: 'example.com',
```

```
  userVerification: 'preferred'
  allowCredentials: [              ┐
    {                              │
      id: ****,                    │
      type: 'public-key'           ├─❶
    }                              │
  ]                                │
};                                 ┘

const credential = await navigator.credentials.get({
  publicKey: publicKeyCredentialRequestOptions
});
```

**❶allowCredentials** ── 再認証したいアカウントに紐付くパスキーを指定して認証要求

アカウントを指定して認証する場合には、allowCredentialsに認証したいアカウントに紐付くパスキーのクレデンシャルIDを指定する必要があります。すでにサーバに保存されている当該ユーザーに紐付く公開鍵クレデンシャルのクレデンシャルIDを`PublicKeyCredentialDescriptor`オブジェクト（6.5節の「allowCredentials」参照）の配列として渡してください。

すでにサーバ側ではログイン済みのアカウントが特定できているため、サーバから取得したパスキーのクレデンシャルIDのみを指定することで、アカウントの選択をスキップしてローカルユーザー検証を要求することができます。

## フォームオートフィルログイン方式の再認証リクエスト

再認証画面では、パスワードを使っているユーザーには、パスワードフォームを表示し、パスワードを再入力してもらうことになりますが、フォームオートフィルログイン方式を採用することで、パスワード一覧にパスキーもサジェストされるようになり、パスワードとパスキーの両方で再認証ができるようになります。この際、通常の認証と異なるのは、パスワードフィールドのみ表示し、ユーザー名を求める`input`フィールドを表示しない点です。

フォームオートフィルログインは、ユーザーがページを訪れてからなるべく早く下記のコードを実行します。ユーザーがフォームオートフィルログインを使ったパスキー認証に成功すると、パスキー認証レスポンスが返ってきます。

# 第5章 パスキーのUXを実装する

```
const credential = await navigator.credentials.get({
  publicKey: publicKeyCredentialRequestOptions,
  mediation: 'conditional'
});
```

```
<input type="password" name="password"
  autocomplete="password webauthn" ...> ──❶
```

❶autocomplete="webauthn" ── パスキーでもパスワードマネージャーのオートフィルと同じ挙動にする

HTMLでinputフィールドのautocomplete属性に"webauthn"を追加することで、サジェストされるオートフィル一覧にパスキーを加えることができます。なお、フォームオートフィル方式を採用している場合はパスキーと並行してパスワードでの再認証もサポートしているはずですので、パスワードもオートフィル可能なようにautocomplete属性に"password"も併記しましょう。

## サーバ処理

WebAuthn APIを実行して返却されたパスキー認証レスポンス(公開鍵クレデンシャル)は、JavaScriptを利用して、同期もしくは非同期でサーバに送信します。サーバで受信したパスキー認証レスポンスは、あらかじめ保存しておいた公開鍵を使って署名検証などを行うと同時に、これが再認証したいアカウントに紐付いているかを確認します。レスポンスで返されたパスキーのクレデンシャルIDとアカウントに紐付けて保存済みのパスキーのクレデンシャルIDを比較することで一致を確認することができます。検証が成功した場合、ログインセッションを延長します。詳しくは6.4節を参照してください。

## 5.7 クロスデバイスUXの実装

クロスデバイス認証では、スマートフォンを利用してQRコードを読み取り、デスクトップや他のスマートフォンにログインすることができます。クロスデバイス認証は通常、パスキープロバイダにパスキーが保存されていない場合に表示されたり、ユーザーがダイアログをたどったりすることで、明示的な実装なしで実現できますが、パスキー作成時には、ヒントを出すことでRPがQRコードのダイアログを優先的に出すことも可能です(hintsに対応

## クロスデバイスのパスキー作成リクエスト

ブラウザにクロスデバイスのパスキー作成を優先するヒントを与えるには、`authenticatorSelection.authenticatorAttachment` を `'cross-platform'` とし、`hints` に `['hybrid']` を渡します。その他のパラメータは5.2節を参照してください。

```
const publicKeyCredentialCreationOptions = {
…省略…
  authenticatorSelection: {
    authenticatorAttachment: 'cross-platform', ──❶
…省略…
  },
  hints: ['hybrid'] ──────❷
};
const credential = await navigator.credentials.create({
  publicKey: publicKeyCredentialCreationOptions
});
```

**❶ authenticatorAttachment** ── パスキーの保存場所を指定

別のデバイスにパスキーを作成する場合は、`authenticatorSelection.authenticatorAttachment` に `'cross-platform'` を指定します。

**❷ hints** ── RPが要求する認証ダイアログのヒント

ユーザー向けに表示する認証ダイアログのヒントを与えます。ここでは `'hybrid'` を指定します。今回の例ではパスキー作成ですが、パスキー認証の `navigator.credentials.get()` でも同様に `hints` オプションを指定することができます。詳しくは6.3節、6.4節をご覧ください。

## サーバ処理

クロスデバイスUXでのサーバ処理は、基本的に通常のパスキー作成・認

証時と同様です。詳しくは6.3節、6.4節をご覧ください。

## クロスデバイス認証後にパスキー登録を訴求する

ユーザーがクロスデバイス認証を選択した場合、ログインしようとしているデバイスにはまだパスキーが登録されていない可能性が高いと考えて間違いありません。ユーザーはここで新しいパスキーを登録することで、次回以降、同じデバイスのパスキーを使ったログインが可能となるため、クロスデバイス認証を行う必要がなくなり、ログイン体験が向上します。

ユーザーがクロスデバイス認証をしたかどうかは、パスキー認証レスポンスの authenticatorAttachment が 'cross-platform' かどうかで判断することができます。ログインしようとしているデバイスがパスキーが利用可能であるかを isUserVerifyingPlatformAuthenticatorAvailable() でチェックしたうえで、新しいパスキーの登録を訴求しましょう。

# 5.8 パスキー作成・認証の中断操作の実装

パスキーの処理中に、ユーザーが途中でキャンセルしたい場合や、プログラム側から中断したい場合があります。

AbortController を使用することで、認証処理中にユーザーが「キャンセル」ボタンを押した場合などのユーザーの意図による中断の検知ができます。

また、ネットワークエラーが発生した場合、タイムアウトが発生した場合、他の処理に移行したい場合などのプログラム側の判断による中断も可能となります。

```
const abortController = new AbortController();
const abortSignal = abortController.signal; ──❶

abortSignal.onabort = function () { ──❷
  // 処理の中断を検知
}

const publicKeyCredentialRequestOptions = {
…省略…
}
```

```
try {
  const attestation = await navigator.credentials.get({
    publicKey: publicKeyCredentialRequestOptions,
    signal: abortSignal          ❸
  });
  // パスキー認証成功
} catch (error) {
  // パスキー認証失敗
  if (error === 'AbortError') { ❹
    // 中断された場合の失敗
  }
}

…省略…

// 別コンテキストから特定の条件で認証処理を中断できる
if (/* 中断条件 */) {
  abortController.abort();       ❺
}
```

### ❶abortSignal —— パスキー中断の準備

AbortControllerを使用して生成されたAbortSignalオブジェクトのコントローラを取得します。signalプロパティでコントローラからAbortSignalオブジェクトを取り出します。

AbortSignalオブジェクトに各種設定を施すことで、パスキーの中断を可能にしたり、処理の中断を検知したりすることができます。

### ❷onabort —— 中断時に実行される処理の登録

中断信号を受け取ると、渡されたsignalのabortイベントが発生し、事前に登録されたイベントハンドラが実行されます。必要に応じてモーダルなどでユーザーへ中断されたことを伝えるとよいでしょう。

### ❸signal —— 中断を許可してパスキーを作成

navigator.credentials.get()のsignalオプションでAbortSignalオブジェクトを指定します。今回の例ではパスキー認証ですが、パスキー作成のnavigator.credentials.create()でも同様にsignalオプションを指定することができます。

# 第5章 パスキーのUXを実装する

**❹ 'AbortError'** —— 中断によるパスキー認証（作成）失敗の検知

AbortControllerによる中断が行われるとnavigator.credentials.create()およびnavigator.credentials.get()の失敗時にthrowされる例外が'AbortError'となります。その場合には、パスキーの認証あるいは作成が中断によって失敗したことを適宜サーバに知らせてください。

**❺ abort()** —— 特定の条件による中断の実行

ユーザーが「キャンセル」ボタンを押したり、ネットワークエラーなどの中断のほかにも特定の条件で中断することができます。その際にはAbortControllerのabort()を呼び出してください。

## 5.9 管理画面UXの実装

設定画面で提供するパスキーの管理機能の実装について解説します。イメージは3.6節を参考にしてください。基本的にサーバに登録されているパスキーに関する情報の表示や操作になり、サービスやサーバの実装に依存するため、具体的な実装は割愛します。

### パスキーの一覧

パスキーを管理するためには、登録済みパスキーの一覧を表示し、ユーザーが名前の編集やパスキーの削除をできるようにします。

#### パスキーの名前とアイコン

パスキーに自動的に名前とアイコンを付けるためには、パスキー作成レスポンスに含まれるAAGUID（*Authenticator Attestation Global Unique Identifier*）という識別子とインターネットに公開されているパスキープロバイダの対応リストを利用することができます。

ただし、AAGUIDのしくみを用いてもパスキープロバイダの名前が判明しない場合もあるため、OSやブラウザの名前を組み合わせるなど、フォールバックの命名方法も考えておくとよいでしょう。AAGUIDの取得方法や条件については、8.1節をご覧ください。

### 登録日時・最終使用日時・使用したOS

登録日時はそのパスキーがサーバに登録された日時、最終使用日時はそのパスキーを使って認証された最後の日時を表示します。

使用されたOSは、パスキーの登録や認証で使用されたブラウザのユーザーエージェントから推測した情報を表示します。ユーザーエージェントで正しくOSを推測できない場合もあるため、あくまで補助機能という位置付けで考えておくとよいでしょう。

### 同期パスキーのラベル

パスキーが同期パスキーであるかどうかを判断するためには、パスキー登録レスポンスのBEフラグを見ることで確認することができます。同期可能なパスキーの場合このフラグは1（もしくはtrue）、同期しないパスキーの場合このフラグは0（もしくはfalse）になります。

### 名前の編集ボタン

ユーザーによって編集されたパスキーの名前をサーバに登録されている情報に上書きします。

### 削除ボタン

ユーザーによって削除操作されたパスキーをサーバから削除します。このパスキーのサーバからの削除は、パスキープロバイダには同期されないため、注意が必要です。後述の「パスキー削除とユーザー名・表示名の変更の注意点」も参照してください。

## 新規登録ボタン

管理画面で提供する新規登録ボタンで提供する機能は、本章の5.2節をご参照ください。

## テストボタン

管理画面で提供するテストボタンで提供する機能は、パスキーの認証（再認証）の実装と同様であるため5.4節や5.6節を参照してください。

# 第5章 パスキーのUXを実装する

## パスキー削除とユーザー名・表示名の変更の注意点

　パスキーの削除はRPのサーバのみで変更が行われます。そのため、これらの変更内容はユーザーの利用するパスキープロバイダに反映されることはありません。対となる公開鍵クレデンシャルの存在しないパスキーでのログインは当然失敗しますが、ユーザーは原因がわからず混乱してしまう可能性があります。

　この課題を解決するために、サーバで保存されているパスキーに変更があったことをパスキープロバイダに知らせるためのSignal APIという仕様が検討されています。このAPIを使用すると、パスキー管理画面で提供するパスキーのステータスをブラウザを介してパスキープロバイダに通知することができます。パスキープロバイダが対応している場合、不要なパスキーが削除されることが期待されます。

　サーバで変更されたユーザー名や表示名についても同様に、パスキープロバイダに知らせる対象となっています。

　今後、各ブラウザでこの通知機能は提供されることが予想されます。本書執筆時点で策定されている仕様の詳細については、8.4節をご参照ください。

## 5.10 まとめ

　本章ではパスキーの登録、ワンボタンログイン、フォームオートフィルログイン、再認証、クロスデバイス認証、管理画面のUXの実装を紹介しました。パスキーの実装を一通り試すためのチュートリアルとして、Googleが「ウェブアプリでフォームの自動入力を使用してパスキーを実装する」[注6]というコンテンツを公開していますので、こちらも参考にしてください。

　これでパスキーの登録や認証などの基本的な実装方法について理解していただけたと思いますが、次章ではさらに理解を深めるために、パスキーの要素解説やWebAuthn APIのより詳細なインタフェースについて解説していきます。

---

注6　https://goo.gle/passkeys-codelab

> **Column**
>
> ### PINを使わず、生体認証だけで
> ### パスキーを利用できるようにすることはできますか？
>
> 　通常、スマートフォンやPCで利用するパスキーは、OSのスクリーンロック機能をユーザー認証機能として利用しています。そのため、生体認証が失敗した場合には、別の手段としてPINやパスワードが利用できることになっている場合が多いです。一方、OSが用意している生体認証機能によっては、PINやパスワードへのフォールバックを無効化することができる場合があります。そういった実装を（オプションで）提供しているパスキープロバイダは存在する可能性はあります。ただし、そういった場合にもOSの設定からPINやパスワードで生体認証の再登録ができてしまうことには留意してください。
>
> 　よって、サービスサイト目線では、パスキーの利用に生体認証を必須にすることはできません。ユーザー目線では、自分の使うパスキーの認証を生体認証に限定することができる場合があります。

第6章

# WebAuthn API リファレンス
クライアントとサーバの実装の詳細を確認しよう

# 第6章 WebAuthn APIリファレンス

第5章では登録や認証といったパスキーのUXの提供に必要な実装について学びましたが、本章ではパスキーの理解をさらに深めていきます。

まず、本章で解説する実装について、パスキーの登録と認証、それぞれのフローを確認し、知っておくべき技術用語について解説します。

次に、前章で紹介したパスキーの登録と認証に伴うインタフェースをさらに深掘りし、WebAuthn APIのクライアントとサーバの視点を踏まえた詳細についても解説します。重要なパラメータについてはユースケースごとに紹介します。

より具体的な設計や実装を考えるうえでのAPIリファレンスとして役立ててください。

## 6.1 実装の概要

ユーザーにパスキーを利用してもらうためには、パスキーの「登録」と「認証」の処理を実装する必要があります。

2.2節のおさらいですが、パスキーは、秘密鍵とそれに対応するWebサイトのドメイン名(RP ID)などを含むメタデータがセットになったもので、パスキープロバイダなどの認証器で安全に保存されるものです。よって、パスキーの秘密鍵に対応する公開鍵や、秘密鍵を用いて署名された結果のみが、公開鍵クレデンシャルとしてサーバに送信されます。

パスキーの登録では、サーバで生成した(**図6.1**の③)乱数であるchallengeを含むパスキー作成リクエストをWebAuthn APIに指定して呼び出す(**図6.1**の①)と、認証器内で公開鍵・秘密鍵ペアが作成され、公開鍵とchallengeなどのメタデータが公開鍵クレデンシャルとして返却されます(**図6.1**の②)。返却された公開鍵クレデンシャルをPOST処理などでサーバに送信し、レスポンスの検証を行ってから公開鍵をデータベースに保存して登録を完了します(**図6.1**の④)。

パスキーの認証では、サーバで生成した(**図6.2**の⑦)乱数であるchallengeを含むパスキー認証リクエストをWebAuthn APIに指定して呼び出す(**図6.2**の⑤)と、そのchallengeに対し該当するパスキーの秘密鍵で署名が生成され、公開鍵クレデンシャルとして返却されます(**図6.2**の⑥)。それをサーバに送信し、パスキーの「登録」で保存していた公開鍵で検証します。検証に成功した場合に認証成功とし、ユーザーをログイン状態にします(**図6.2**の⑧)。

## 6.1 実装の概要

図6.1　パスキーの登録フロー

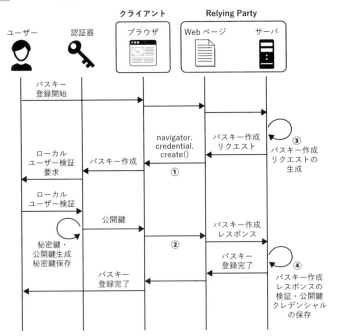

図6.2　パスキーの認証フロー

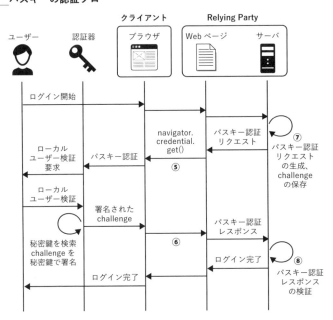

# 第6章 WebAuthn APIリファレンス

本章ではパスキーの「登録」と「認証」の実装に必要なAPIの仕様とサーバの実装方法を解説します。多くのパラメータとオプション機能があるため、一つ一つの仕様と用途のポイントを押さえておきましょう。

実装の詳細に触れる前にまずはパスキー利用の基礎となる登場人物の概要から解説していきます。

## クライアント

一般的に、コンピュータの世界でクライアントと聞くと、サーバ・クライアントモデルを思い浮かべることが多いと思います。ネットワークで接続され、何かのサービスを提供するコンピュータがサーバで、そのサービスを受けるコンピュータがクライアントとなります。

パスキーにおけるクライアントは、ユーザーエージェントと認証器の間で、その通信を中継するユーザー側のソフトウェアのことを指します。ブラウザや、OSのパスキー処理に関連する機能がそれにあたります[注1]。ブラウザは、WebページのJavaScriptを実行し、パスキーによる認証に関する通信をサーバと行いつつ、もう一方で、パスキーを管理しているパスキープロバイダなどの認証器との通信も行います。また、アプリケーション内でパスキーによる認証を行う際は、原則、OSのAPI（AndroidのCredential ManagerやiOSのASAuthorizationPlatformPublicKeyCredentialProvider API）がクライアントとして動作します。

ちなみに、パスキーの世界において、クライアントは信頼されている前提で、クライアントが不正を行うことは想定されていません。クライアントは、サーバから受信したチャレンジやドメインなどのデータを認証器に送る前に、そのデータに含まれるドメインが正しいことを確認し、不正な場合にはエラーを返却します。それによって、異なるドメインからの認証リクエストを送ることによるフィッシング攻撃を防ぎます。同様に、サーバとHTTPSで通信しているなど、安全な状態（セキュアコンテクスト）でのみWebAuthn APIを動作させるというのも、クライアントが担う大事な機能です。

以降、本章では主にブラウザでの利用を前提に、WebAuthn APIの使い方について説明していきます。スマホアプリでの実装については第7章を参照してください。

---

注1 PC上で動作するパスワードマネージャーには、ブラウザの拡張機能を利用してWebAuthn APIの動作をオーバーライドすることで機能を実現しているものがあります。この場合には、クライアントの境界線はあいまいになります。

## Relying Party

WebAuthn仕様では、パスキーによる認証を受け入れるWebサイトのことを、Relying Party（RP）と呼びます。RPは、フロントエンドとなるWebページと、バックエンドとなるサーバで構成されます。

RPはユーザーごとの公開鍵の記録、チャレンジの生成、レスポンスの検証などを行います。特に検証処理は複雑で、ちょっとした実装ミスがセキュリティ事故につながる恐れもあるため、独自で実装するのはお勧めしません。よく利用されているオープンソースプロダクトや、SaaS（*Software as a Service*）などの商用サービスを活用することをお勧めします。

## RP ID

パスキーの作成時には、そのパスキーをRPと紐付け、後で呼び出すためのキーとなるドメインを指定する必要がありますが、WebAuthn仕様ではそれをRP IDと呼びます。クライアントは、原則として、RP IDと実際にアクセスしているドメイン（これをオリジンと呼びます）が部分一致していない限り、認証器との通信を行いません。これは、パスキーのフィッシング耐性を司る重要なセキュリティ機構です[注2]。

RP IDとして指定されたドメインと、実際にアクセスしているドメインの比較条件は、完全一致に加えて、RP IDのサブドメインでもよく、たとえばaaa.example.comドメインのWebサイト上で、RP IDにexample.comを指定してパスキーを登録しておけば、bbb.example.comドメインのWebサイトにおいても、同じパスキーで認証することが可能です。だからと言って、RP IDに"com"だけを指定してしまえば、どんなサイトでも指定できるようになるかというと、そういうことはできないようになっています。RP IDに指定できるドメインをどこまで短く設定できるかは、eTLD（*Effective Top Level Domain*）について理解する必要があります。

## eTLD

ドメインは、私たちがWebサイトにアクセスする際にアドレスバーに入力するhttps://www.example.com/index.htmlのようなURLのwww.example.comの部分のことです。

---

[注2] 複数のドメインを所有するサービスなど、異なる複数ドメインで同じパスキーを利用してユーザーにログインしてもらいたいケースに対応するための対応も進行中です。詳しくは、8.3節を参照してください。

# 第6章 WebAuthn APIリファレンス

その中でも.comなど、ドットで区切られた一番右端のトークンをTop Level Domain (TLD) と呼びます。.comのほかにも.net、.jp、.new、.googleなどさまざまな種類があります。たとえば、example.comなど、TLDの左側に任意の文字列をつける(TLD+1)ことで、特定の企業や個人のドメインとして機能します。

ただ、TLDの中には、.co.jpや.github.ioなど、複数のトークンを組み合わせて実質的なTLDとして扱われるものがあります。これらをeTLD (*Effective Top Level Domain*) と呼びます。

github.ioやcloudfront.netは、GitHubやAWSが管理しているドメインではありますが、その前に任意の文字列をつけることであらゆる企業や個人のWebサイトとして公開できるため、eTLDとみなされます(**表6.1**)。

ここで問題なのが、TLDはドメインの末尾の部分であり見た目で判断できますが、eTLDであるかどうかは見ただけではわからないという点です。そこでeTLDであることを判別するためにPublic Suffix List (PSL) というしくみが提供されています。「公開されている末尾の一覧」という直訳からわかるように、ドメインの末尾であるeTLDの一覧です。現在はボランティアによって以下のWebサイトとGitHubによって管理・公開されており、ブラウザによってはこれを参照してCookieの管理やパスワードの有効範囲などを規定しています。

- https://publicsuffix.org/
- https://github.com/publicsuffix/list

## RP IDに設定できるドメイン

WebAuthn仕様では、RP IDに設定できる値について「The RP ID must be equal to the origin's effective domain, or a registrable domain suffix of the

表6.1 eTLD

| ドメイン | eTLD |
| --- | --- |
| example.com | com |
| example.co.jp | co.jp |
| example.github.io | github.io |
| example.cloudfront.net | cloudfront.net |
| example.shinjuku.tokyo.jp[※] | shinjuku.tokyo.jp |

※ 今はほとんど使われていませんが、地域形JPドメインというものがありました。

origin's effective domain.」と規定されています。少し日本語でわかりやすくすると、オリジン（表示中のWebサイトのURLのパス以前）のドメインと一致する、もしくはそのドメインと後方一致し、かつ登録可能な部分とでも言えるでしょうか。つまり、RP IDに設定できるドメインは、表示中のWebサイトのドメインそのものか、eTLD+1を限度としてサブドメインを削除して短くしたものとなります。

## 認証器

　認証器は、英語でAuthenticator（オーセンティケータ）と呼ばれ、パスキーを格納しているソフトウェアや、ハードウェアのことを指します。必ずしも機械（ハードウェア）とは限らないこともあり、「認証機」ではなく「認証器」と漢字をあてています。

　WebAuthn仕様では、認証器は大きく2つに分けて定義されています。USBキーなどのハードウェア認証器は、取り外して複数のPCやスマホで利用できることから、**ローミング認証器**、もしくはクロスプラットフォーム認証器と定義されます。一方、PCやスマホに固定されたデバイス固定パスキーや、パスキープロバイダなどのソフトウェア認証器など、端末内で動作する認証器は、**プラットフォーム認証器**と定義されています（**図6.3**）。ローミング認証器は多くの場合セキュリティキーと呼ばれます。プラットフォーム認証器の機能は多くの場合、PCやスマートフォンに内蔵されています。

　ローミング認証器には、必ずボタンやタッチセンサーが内蔵されています。認証を行う場合は、ユーザーが物理的にこのボタンを押したり、タッチセン

図6.3　**認証器の定義**

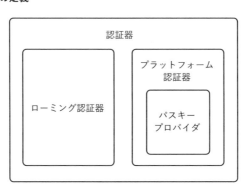

# 第6章 WebAuthn APIリファレンス

サーに触れたりすることが必要です。この処理をユーザー存在テスト(*User Presence Test*)と呼びます[注3]。また、セキュリティキーのようなローミング認証器には、指紋センサなどの生体認証機能が付属していて、認証器自体の所持と、生体認証の二要素認証を実現できるものがあります。一方、生体認証機能が付属していなかったとしても、接続したPC側で暗証番号(PIN)を入力することで、知識認証と組み合わせた二要素認証を実現できます。この生体認証や知識認証を行う処理を、ローカルユーザー検証(*User Verification*)と呼びます[注4]。プラットフォーム認証器の場合はもちろん、デバイスに付属の生体認証機能がその役割を果たします。実は5.2節の「パスキーが登録できる環境かを検知する」で判定していた処理は、ローカルユーザー検証機能付きプラットフォーム認証器(*User Verifying Platform Authenticator*、UVPA)の利用可否判定です。

最後に、認証器の信頼性について簡単に補足します。通常、認証器は、ユーザーが自分で用意したPCやスマートフォン、セキュリティキーを利用しますが、サービス提供者のセキュリティポリシーなどの理由で、サービス提供者側で、ユーザーが登録しようとしている認証器が信頼できるものなのか、確認したい場合があります。その場合、Attestation(アテステーション)と呼ばれるしくみを利用します。Attestationは、簡単に言うと、認証器が真正なものであることを認証器メーカーの電子署名によって証明するしくみのことです。Attestationの詳細については8.6節を参照してください(図6.4)。

---

注3　詳細は1.2節の「セキュリティキー」を参照してください。
注4　詳細は2.1節の「ローカルユーザー検証」を参照してください。

図6.4　**認証器 - クライアント - Webサーバ**

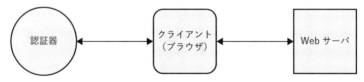

## 6.2 パスキーに関する各種機能が利用可能かを確認する

パスキーの作成やパスキーによる認証を行うために必要なWebAuthn APIは、ブラウザによっては利用ができなかったり、また、一部機能が実装されていなかったりします。それらを判別し、ユーザーに適切なUIを表示するため、事前にユーザーが利用中のデバイスでどの機能が利用可能か判別することができます。第5章のコード例でもすでに紹介していますが、あらためて整理します。

### プラットフォーム認証器の利用可否

まずは、デバイスがプラットフォーム認証器をサポートしているかを確認します。

PublicKeyCredential.isUserVerifyingPlatformAuthenticatorAvailable()メソッドを使うことで、そのデバイス内蔵のパスキー（プラットフォーム認証器）の利用可否を判定します[注5]。クロスデバイス認証の利用可否は含まれません。メソッド名が長いため、「isUVPAA」と略して呼ばれることがあります。

```
// ブラウザでのコード例
if (window.PublicKeyCredential &&
    PublicKeyCredential.isUserVerifyingPlatformAuthenticatorAvailable) {
  const isUVPAA =
    await PublicKeyCredential.isUserVerifyingPlatformAuthenticatorAvailable();
  if (isUVPAA) {
    // パスキーを利用可能
  }
}
```

### フォームオートフィルログインの利用可否

フォームオートフィルログインによるパスキーの認証を利用する場合には、

---

注5 利用可能と判定されても、iOSでiCloudキーチェーンが設定されていない場合など、実際は使えないことがあります。

# 第6章 WebAuthn APIリファレンス

PublicKeyCredential.isConditionalMediationAvailable()メソッドを使って、利用可否を判定します。

```
// ブラウザでのコード例
if (window.PublicKeyCredential &&
    PublicKeyCredential.isConditionalMediationAvailable) {
  const isCMA = await PublicKeyCredential.isConditionalMediationAvailable();
  if (isCMA) {
    // フォームオートフィルログインのパスキーの認証を利用可能
  }
}
```

## 利用可能な機能をまとめて確認する

パスキーに関する各種機能の利用可否をまとめて確認することができるのが、getClientCapabilities()メソッドです。パスキーの機能が進化するにつれ、ブラウザごとの差分を簡単に確認するため、このメソッドが追加されました。

ほかにも、第8章で説明する、Signal APIや、Related Origin Requests（ROR）や、付録Aで説明する各種Extensionの利用可否も、このメソッドで確認ができるようになる予定です。

この機能は、本書執筆時点でSafari 17.4以降のみのサポートですが、ChromeおよびFirefoxでもすでに開発を終えており、まもなくリリースされる見込みです。

```
// ブラウザでのコード例
if (window.PublicKeyCredential &&
    PublicKeyCredential.getClientCapabilities) {
  const capabilities = await PublicKeyCredential.getClientCapabilities();
  if (capabilities.userVerifyingPlatformAuthenticator) {
    // デバイス内蔵のパスキーが利用できる
    // isUserVerifyingPlatformAuthenticatorAvailable()と同様
  }
  if (capabilities.passkeyPlatformAuthenticator) {
    // デバイス内蔵、もしくはクロスデバイス認証のパスキーが利用できる
  }
  if (capabilities.conditionalGet) {
    // オートフィルログインが利用できる
    // isConditionalMediationAvailable()と同様
  }
  if (capabilities.conditionalCreate) {
    // Automatic passkey upgradeが利用できる（5.3節参照）
```

```
  }
  if (capabilities.hybridTransport) {
    // クロスデバイス認証に対応している
  }
}
```

## 6.3 パスキーを作ってみる

本節では前章で紹介したパスキーの「登録」で利用したAPIについてさらに深く解説します。

### パスキーを作成する

パスキーの登録では、WebAuthn APIを使って認証器内でパスキーを作成し、その結果として公開鍵クレデンシャルを取得します。

#### navigator.credentials.create()

パスキーの作成には`navigator.credentials.create()`を呼び出します(図6.1の①)。

`navigator.credentials.create()`でパスキーを作成するためには、次のとおり、`publicKey`をキーとしてパスキー作成リクエスト(`PublicKeyCredentialCreationOptions`)オブジェクトを渡します。

```
// ブラウザでのコード例
const credential =
  await navigator.credentials.create({
    publicKey: publicKeyCredentialCreationOptions
  });
```

### パスキー作成リクエスト —— 呼び出しパラメータの概要

パスキー作成リクエスト(`PublicKeyCredentialCreationOptions`)オブジェクトには主に次のパラメータが含まれます。

```
// ブラウザでのコード例
const publicKeyCredentialCreationOptions = {
```

# 第6章 WebAuthn APIリファレンス

```
  challenge: *****,　　　　　　❶
  rp: {
    name: 'Example',　　　　　　❷
    id: 'example.com'　　　　　　❸
  },
  user: {
    id: *****,　　　　　　　　　❹
    name: 'john78',　　　　　　　❺
    displayName: 'John'　　　　　❻
  },
  pubKeyCredParams: [　　　　　　❼
    {alg: -8, type: 'public-key'},
    {alg: -7, type: 'public-key'},
    {alg: -257, type: 'public-key'}
  ],
  excludeCredentials: [　　　　❽
  ],
  authenticatorSelection: {
    authenticatorAttachment: 'platform',　　❾
    requireResidentKey: true,　　　　　　　　❿
    userVerification: 'preferred'　　　　　　⓫
  },
  timeout: 300000,　　　　　　⓬
  hints: ['client-device']　　⓭
};

const credential =
  await navigator.credentials.create({
    publicKey: publicKeyCredentialCreationOptions
  });
```

### ❶challenge —— CSRFやリプレイ対策

challengeには、パスキー登録をスタートさせたセッションと紐付くランダムなArrayBufferを指定します。この値はそのままパスキー作成レスポンスに含まれ、CSRF（*Cross-Site Request Forgeries*）攻撃や、リプレイ攻撃によって、攻撃者の管理するクレデンシャルを被害者のアカウントに紐付ける攻撃を検知するために利用します。

通常この値はサーバで生成してセッションと紐付けた状態でフロントエンドに渡しますが、ArrayBufferはそのままではサーバからフロントエンドに渡しづらいため、Base64URLエンコードした値をフロントエンドでデコードする処理が必要になります。

### ❷rp.name —— 登録、認証を行うRPの名前

前述のとおり、WebAuthn仕様では、認証器による認証を受け入れるサイトのことをRelying Party（RP）と呼びます。`rp.name`にはユーザーが解釈しやすいRPの名前を指定します。ユーザーが認識しているサイト名やサービス名などを指定しましょう。このパラメータは必須であり、64バイト以内の文字列にする必要があります。

### ❸rp.id —— 登録、認証を行うRPの識別子

ユーザーの登録や認証を行う有効なドメイン名を指定します。デフォルトではWebサイトのドメインが設定されます。指定する場合には、当該ドメインと一致またはそのサブドメインである必要があり、そうでない場合はエラーになります。

通常、`rp.id`に指定したドメインが完全一致またはそのドメインが`rp.id`のサブドメインである場合に、パスキーの登録および認証を発動することができます。

なお、Related Origin Requests（ROR）というしくみを実装すると、任意のドメインでもパスキーを発動することが可能になります。RORや付随するドメインの解説については8.3節をご参照ください。

### ❹user.id —— ユーザー識別子

RP内でユーザーを一意に識別する値で、最大64バイトの`ArrayBuffer`を渡します。ユーザーがログイン時に使う識別子とは異なり、メールアドレスなどのユーザーの個人情報を含まないものにします。この値はパスキーのメタデータの一部としてパスキープロバイダで保存されるため、パスキー専用にIDを発行し、既存のユーザーIDと紐付けるほうがより安全です。

認証時には`userHandle`として返却されます。

### ❺user.name —— ログイン時にユーザーに表示されるユーザー名

ユーザーにとってわかりやすいユーザーの識別子で、ユーザーがログイン時に利用しているメールアドレスなどのユーザー名がそれにあたります。ログイン時にアカウントセレクタを表示する際に用いられるため、ユーザーがログインしたいアカウントを識別できるものである必要があります。

# 第6章 WebAuthn APIリファレンス

**❻user.displayName** —— ログイン時にユーザーに表示される表示名

氏名やニックネームなどのユーザーが設定した表示名にあたります。`user.name`と同様にアカウントセレクタの表示に用いられますが、ブラウザやOSの実装によっては`user.name`のみ表示され`user.displayName`が表示されない場合もあります。

**❼pubKeyCredParams** —— PublicKeyCredentialのタイプと署名アルゴリズム

RPがサポートするPublicKeyCredentialのタイプと署名アルゴリズムを指定します。`pubKeyCredParams`には`PublicKeyCredential`のタイプを示す`type`と署名アルゴリズムを示す`alg`を含むオブジェクトのリストを渡します。リストの上にあるものから優先的に選択され、いずれも対応していない場合にはパスキー作成に失敗します。`alg`には次の値（アルゴリズム）を指定するのが一般的です[注6]。

- -8（**Ed25519**）
- -7（**ES256**）
- -257（**RS256**）

ただし、執筆時点においてWindows 10ではRS256のみが、一方AppleデバイスではES256のみがサポートされているため、少なくともその2つは指定が必要です。

**❽excludeCredentials** —— 同じ認証器にパスキーを複数回重複して登録させないためのパラメータ

同じ認証器によるパスキーの多重登録を防ぐため、当該ユーザーで登録済みのクレデンシャルIDをすべて渡します。クレデンシャルIDの指定には、`PublicKeyCredentialDescriptor`を使います。詳しくは6.5節を参照してください。

`excludeCredentials`に指定された`PublicKeyCredential`がすでにユーザーの認証器内に存在する場合、パスキー作成リクエストはエラーになり失敗します。

省略された場合は、デフォルトで空の配列が指定されます。

---

注6 実際に指定可能なアルゴリズムのリストはhttps://www.iana.org/assignments/cose/cose.xhtml#algorithmsに定義されているものです。さらに、FIDOアライアンスが策定する仕様でサーバに対応を要求しているアルゴリズムのリストもあります。https://fidoalliance.org/specs/fido-v2.0-rd-20180702/fido-server-v2.0-rd-20180702.html#other

## ❾ authenticatorSelection.authenticatorAttachment —— 認証器タイプの制限

登録を許可する認証器タイプを制限する際に利用します。次のタイプを指定できます。

- 'platform'
  - 端末内の認証器（パスキープロバイダやデバイス固定パスキー）のみを指定
- 'cross-platform'
  - USBセキュリティキーやNFCなどを含めた外部端末の認証器（YubiKeyなど）のみを指定
  - クロスデバイス認証も含まれるため、より具体的な認証方式を強制するためには後述のhintsパラメータと併用するとよい

このパラメータを指定しない場合にはクライアントが優先する認証器タイプが使用されます。

## ❿ authenticatorSelection.requireResidentKey —— 認証器へのユーザー情報の記録

登録するクレデンシャルをディスカバラブル クレデンシャル、つまりパスキーにするかどうかを指定します[注7]。

もともと「Resident Key（レジデントキー）」と呼ばれていたものが現在「Discoverable Credential（ディスカバラブル クレデンシャル）」と呼ばれることになったという歴史的経緯により、ディスカバラブル クレデンシャルの作成のためのパラメータ名としてResident Keyという名称が残っています。デフォルトでは **false** となっており、**true** を指定することで認証器にユーザー情報が記録され、認証時にログインフォームへのユーザー名入力が不要になります。

なお、似たようなパラメータとして、**authenticatorSelection.residentKey** というものも存在します。**residentKey** はWebAuthn Level 2のWebAuthn APIで登場したものの、**requireResidentKey** もWebAuthn Level 1のインタフェースの下位互換性のために残されており、似たようなパラメータが併存しています。現状では後方互換性を考慮して、本書では **requireResidentKey** の使用を推奨しています。

## ⓫ authenticatorSelection.userVerification —— 認証器によるローカルユーザー検証の制御

認証器によるローカルユーザー検証（生体認証、PIN入力など）の必要性を指定します。次の3つの値が指定できます。

---

注7　2.2節の「ディスカバラブル クレデンシャル」参照

# 第6章 WebAuthn APIリファレンス

- 'required'
  ローカルユーザー検証を必須とする。ローカルユーザー検証ができない場合、エラーを返す
- 'preferred'
  可能な限りローカルユーザー検証を実行し、結果はレスポンスのUVフラグで示される
- 'discouraged'
  ローカルユーザー検証を推奨しない。所有認証を行うときに利用

このパラメータはオプションであり、デフォルトでは'preferred'が指定されています。

'preferred'の場合の挙動はクライアントや認証器によって変わります。多くの場合ローカルユーザー検証は行われますが、行われない場合の処理については非常に重要なので、6.5節の「authenticatorSelection.userVerification」の部分をよくお読みください。

'discouraged'の場合でも、クライアントによっては、ユーザー存在テストの代替としてローカルユーザー検証を実行する場合があります。こちらも6.5節の「authenticatorSelection.userVerification」も参照してください。

### ⓬timeout —— API実行の有効時間

指定された時間内にユーザー操作が完了しない場合、タイムアウトエラーとなります。指定しない場合、ブラウザのデフォルト値が設定されます。WebAuthn Level 3では、デフォルト値として5分間（300000ミリ秒）を設定することが推奨される見込みです。過去のWebAuthn仕様では60秒がデフォルト値でしたが、60秒だと、オートフィルログインやクロスデバイス認証などで処理が成功する前に中断してしまう恐れがありました。

### ⓭hints —— RPが要求する認証方式のヒント

認証方式を強制することはできませんが、適切にRPが認証を完了できるようにブラウザが表示する認証ダイアログのヒントを配列で指定することができます。

- 'security-key'
  - 物理的なセキュリティキー
  - authenticatorAttachmentは'cross-platform'を合わせて指定する必要あり

- 'client-device'
  - プラットフォーム認証器
  - authenticatorAttachmentは'platform'を合わせて指定する必要あり
- 'hybrid'
  - クロスデバイス認証
  - authenticatorAttachmentは'cross-platform'を合わせて指定する必要あり

ヒントを複数指定した場合、最初のヒントが優先されます。組み合わせによっては矛盾する場合もあるため、より具体的にヒントを優先して列挙する必要があります。なお、authenticatorSelection.authenticatorAttachmentで指定した値と矛盾する場合は、hintsパラメータが優先されます。

なお、hintsは本書執筆時点でChromeにのみ実装されています。

## パスキー作成レスポンス —— 返却パラメータの概要

navigator.credentials.create()のレスポンスとして、公開鍵クレデンシャル（PublicKeyCredential）が返されます。認証時に返ってくる公開鍵クレデンシャルと明確に区別するため、ここではこれを「パスキー作成レスポンス」と呼びます。PublicKeyCredential.responseにはAuthenticatorAttestationResponseオブジェクトが指定されます（図6.1の②）。

```
PublicKeyCredential {
  id: USVString, ──────────────❶
  rawId: ArrayBuffer, ─────────❷
  response: AuthenticatorAttestationResponse {
    clientDataJSON: ArrayBuffer, ─❸
    attestationObject: ArrayBuffer ─❹
  },
  authenticatorAttachment: DOMString, ─❺
  type: DOMString ─────────────❻
}
```

AuthenticatorAttestationResponseには次のclientDataJSON（CollectedClientData）オブジェクトが含まれています。

```
{
  "type": "webauthn.create", ──────❼
  "origin": "https://example.com", ─❽
  "challenge": "*****" ────────────❾
}
```

# 第6章 WebAuthn APIリファレンス

各オブジェクトのパラメータの詳細を見ていきましょう。

**❶id** —— エンコード済みのクレデンシャルID

クレデンシャルIDである`rawId`をBase64URLでエンコードした文字列です。これを利用することで、ブラウザや認証器はパスキーを特定できるため、データベース上の主キーとして利用することができます[注8]。

**❷rawId** —— クレデンシャルID

クレデンシャルIDを表す`ArrayBuffer`です。

`ArrayBuffer`はそのままではサーバに送信しづらいので、この値をBase64URLエンコードしてからサーバに送信するか、もともとBase64URLエンコードされた状態で渡される`id`をサーバに送信しましょう。

**❸response.clientDataJSON** —— 登録リクエストのコンテキストを示すデータ

`ArrayBuffer`として格納されたリクエストコンテキストに関する情報です。`CollectedClientData`がJSONとして格納されています。

**❹response.attestationObject** —— 生成された公開鍵本体を含むデータ

`ArrayBuffer`でエンコードされた認証器を証明するための情報です。RPの識別子、フラグ、公開鍵などの重要な情報が含まれています。Attestation Objectについて詳しくは8.6節の「Attestation Objectを構成するパラメータ一覧」を参照してください。

**❺authenticatorAttachment** —— 認証器の接続形態を示すデータ

このパスキー作成レスポンスがプラットフォーム認証器で作成された場合には、`'platform'`の文字列が含まれます。ローミング認証器やクロスデバイス認証の場合には、`'cross-platform'`の文字列が含まれます。

**❻type** —— 公開鍵クレデンシャルのタイプ

公開鍵クレデンシャルのタイプです。執筆時点では`'public-key'`のみが定

---

[注8] クレデンシャルIDは認証器が生成するため、既存の他のユーザーのクレデンシャルIDと重複する可能性はゼロではありません。別のユーザーのパスキーを認証に使っても署名検証に失敗するためセキュリティ上の懸念はありませんが、クレデンシャルIDを主キーとしてサーバで管理する場合は、キー重複エラーに備える必要があります。

義されています。

❼clientDataJSON.type —— レスポンスのタイプ

パスキー作成時には"webauthn.create"が含まれます。

❽clientDataJSON.origin —— オリジンの文字列

ブラウザから認証器に渡されたオリジンの文字列です。必ずしも RP ID と一致しないため、サーバでの検証が必要です。

❾clientDataJSON.challenge —— チャレンジの文字列

RPが`navigator.credentials.create()`を呼び出した際に`publicKeyCredentialCreationOptions.challenge`で指定したチャレンジ文字列です。Base64URLでエンコードされています。

## サーバ処理

ここからはサーバ側の処理について説明します。

本章の前半で説明したブラウザのWebAuthn APIを呼び出すための引数(`publicKeyCredentialCreationOptions`)に必要な情報の生成や、WebAuthn APIの結果の検証をサーバで行います。サーバのコードも、JavaScript(Node.js)で記載しています。執筆時点で最新のNode.js v22.11.0で動作を確認しています。

### 事前準備

公開鍵クレデンシャルの検証にはライブラリを利用することを推奨します。本章では、SimpleWebAuthnというTypeScriptのライブラリのserverパッケージを利用します。執筆時点で最新の、SimpleWebAuthn v11.0.0で動作を確認しています。バージョンによってAPIの仕様が異なる場合があるのでご注意ください。

サーバには、すでにセッションに紐付く変数を保存できるしくみがあることを前提とします。また、作成したパスキーに対応する公開鍵クレデンシャルを保存するためのデータベースが必要となります。本章のサンプルでは、簡単に利用できるJSONベースのデータベースライブラリである、lowdb[注9]を

---

注9 https://github.com/typicode/lowdb

# 第6章 WebAuthn APIリファレンス

利用して、データベースを事前に作成しておきます。ここでは詳細は略しますが、同様に、ユーザー情報を保存するテーブルもデータベース上に存在するものとします。

```javascript
// サーバでのコード例
// データベースの作成
import { JSONFilePreset } from 'lowdb/node'
const db = await JSONFilePreset('db.json', { credentials: [], users: []})
const { credentials, users } = db.data

// SimpleWebAuthnのインポート
import {
  generateRegistrationOptions,
  verifyRegistrationResponse,
  generateAuthenticationOptions,
  verifyAuthenticationResponse,
} from '@simplewebauthn/server';

import { isoBase64URL }
  from '@simplewebauthn/server/helpers';

// Nodejsのサーバの初期化
import express from 'express';
import session from 'express-session';

const app = express();
app.use(session({
  secret: 'use passkey!',
  resave: true,
  saveUninitialized: true
}));
app.use(express.json());
```

## パスキー作成リクエストの生成

パスキー作成リクエストに含まれるパラメータの中で、`challenge`と`user.id`はセキュリティ確保のため、サーバ側で生成する必要があります。その他のパラメータについても、ブラウザ側で操作する必要は基本的にないので、まとめてサーバ側で生成してしまうのが一般的です（図6.1の③）。

ところで、第5章でも説明したとおり、`publicKeyCredentialCreationOptions`オブジェクトは、中に`ArrayBuffer`を含むため、Base64URLでエンコードして、サーバから送信し、ブラウザ側でデコードする必要があります。

SimpleWebAuthnライブラリを利用して、サーバ側で`publicKeyCredentialCreationOptions`に最低限必要な情報を生成し、クライアントに返却する例

は下記のとおりです。SimpleWebAuthnで作成したリクエストオブジェクト
は、`ArrayBuffer`がBase64URL形式に変換されているので、そのままJSON
としてクライアントに送信できます。受信したブラウザ側でデコードを忘れ
ないようにしてください。

```
// サーバでのコード例
// ブラウザからパスキー作成リクエストを要求されたときの処理
app.get('/registerRequest', async (req, res) => {
  const options = await generateRegistrationOptions({
    rpName:'Example Website',
    rpID: 'example.com',
    userName: 'Your Name',
    timeout: 300000,
    excludeCredentials:[]
  });

  req.session.challenge = options.challenge;
  return res.json(options);
});
```

ライブラリ内で生成されたチャレンジは、`options.challenge`として返却
されるため、それをセッションに紐付けて保存した後、`options`オブジェク
トをブラウザに返却します。

### パスキー作成レスポンスの検証と保存

ブラウザでWebAuthn APIによるパスキー作成処理が完了し、パスキー作成
レスポンスがサーバに送信されたら、内容を検証してから、サーバ側のデー
タベースに保存します。SimpleWebAuthnを利用して、公開鍵を保存するまで
に次の処理が必要になります（図6.1の④）。

```
// サーバでのコード例
// ブラウザからパスキー作成レスポンスがPOSTされたときの処理
app.post('/registerResponse', async (req, res) => {

  const expectedChallenge = req.session.challenge;
  const expectedOrigin = 'https://example.com';
  const expectedRPID = 'example.com';
  const credential = req.body;

  try {
    const verification =
      await verifyRegistrationResponse({
        response: credential, ──────────❶
```

# 第6章 WebAuthn APIリファレンス

```
    expectedChallenge,          ❷
    expectedOrigin,             ❸
    expectedRPID,               ❹
    requireUserPresence: true,  ❺
    requireUserVerification: false  ❻
});

const { verified, registrationInfo } =
  verification;

if (!verified) {
  throw new Error('User verification failed.');
}

const { credential, userVerified, aaguid, credentialDeviceType } =
  registrationInfo;
const base64PublicKey =
  isoBase64URL.fromBuffer(credential.publicKey);

// 同期パスキーであるかの判定
  const synced = (credentialDeviceType === 'multiDevice');

// ユーザーに紐付けて保存するためにユーザー情報を取得(本書範囲外)
const { user } = req.session;

if(!userVerified){
  // 必要に応じて追加処理を実施 ❻
}

const cred = {
  id: credential.id,
  publicKey: base64PublicKey,
  aaguid,
  synced,
  registered: (new Date()).getTime(),   ❼
  last_used: null,
  user_id: user.id
};
// データベースに保存
await db.update(({ credentials }) => credentials.push(cred));

  return res.json({ status: 'success' });
} catch (e) {
  return res.status(400).send({ error: e.message });
} finally {
  delete req.session.challenge;   ❽
}
```

```
});
```

### ❶attestationObjectの検証

attestationObjectを検証することでユーザーの所有する認証器から生成されたものであることを保証し、攻撃者によるクレデンシャルの置き換えを防ぎます。attestationObject内部に格納されている認証器のデータ、公開鍵、署名データを用いて正当性の検証を行います[注10]。このパースやデコード、署名検証の処理は複雑なためライブラリに任せるとよいでしょう。

### ❷challengeの検証

CSRF攻撃やリプレイ攻撃の対策としてchallengeを検証します。navigator.credentials.create()の呼び出し時にPublicKeyCredentialCreationOptionsで指定したchallengeの値をセッションに紐付けておき、パスキー作成レスポンスに含まれるclientDataJSON.challengeの値とセッションに保存されている値が一致するか確認します。

### ❸originの検証

clientDataJSON.originには、認証が行われたドメインが格納されています。このドメインがRPの許容するドメインと一致するかを検証する必要があります。

基本的にはRP IDと同じドメインと比較しますが、Androidアプリからのリクエストの場合、originはアプリ署名のハッシュ値となるため、追加の実装が必要になります。詳細は7.2節を参照してください。また、複数のドメインからのパスキーの利用を受け付ける場合には、8.3節で説明しているRORを利用して、複数のドメインを配列で指定します。

### ❹rp.idの検証

rp.idに指定されているドメイン名が、パスキー作成リクエストで指定したものと同じであるかを確認します。

---

[注10] attestationObjectの詳細は8.6節を参照してください。本章の例ではAttestation Statementを要求しても返却されない同期パスキーの利用を主に想定しているため、Attestation Statementの署名検証も行っていません。

# 第6章 WebAuthn APIリファレンス

### ❺ユーザー存在テスト結果の検証

attestationObjectに含まれるUPフラグが1（もしくはtrue）になっていることを検証します。Conditional Registration（5.3節）の場合には、UPフラグは0（もしくはfalse）となるため、requireUserPresence: false としてください。

### ❻ローカルユーザー検証結果の検証

パスキー作成リクエストでauthenticatorSelection.userVerificationで'required'を指定した場合は、サーバ側でもattestationObjectに含まれるUVフラグが1（もしくはtrue）になっていることを検証します。

今回の例では'preferred'を指定していたので、サーバ側ではローカルユーザー検証結果の検証を必須にしていません。'preferred'の場合でも、サービスの要件に従い、必要な場合にはローカルユーザー検証結果に応じて追加の処理を行います。詳しくは6.5節の「authenticatorSelection.userVerification」を参考にしてください。

### ❼データベースへの公開鍵の保存

前述の検証完了後、公開鍵を保存します。データベースに登録する主なプロパティには以下が挙げられます。

- クレデンシャルID
- response.attestationObjectに含まれる公開鍵
- ユーザー識別子であるuser.id

また、登録済み公開鍵の一覧表示用の情報として次の情報などもデータベースに登録しておくとよいでしょう。

- 登録時に利用されたOS、ブラウザ
- 登録日時
- 最終利用日時
- AAGUID

AAGUID（*Authenticator Attestation Globally Unique Identifier*）はパスキープロバイダなど認証器のモデルを示す一意なIDです。このAAGUIDとインターネット上で公開されているパスキープロバイダリストを使うと、登録されたパスキーのプロバイダを特定することができます。詳細については8.1節をご参照ください。

### ❽challengeの破棄

最後に、使用済みのchallengeはセッションから破棄してください。

ここまでで一通りのサーバ処理が完了し、登録したPublicKeyCredentialを利用してユーザーを認証する準備が整いました。

# 6.4 パスキーを使って認証してみる

本節では前章で紹介したパスキーの「認証」で利用したAPIについてさらに深く解説します。

## パスキーを使って認証する

パスキーを使って認証するには、登録のときと同様に、WebAuthn APIを使って公開鍵クレデンシャルを取得します。

### navigator.credentials.get()

パスキーを使って認証するにはnavigator.credentials.get()を呼び出します。次のとおり、publicKeyをキーとしてPublicKeyCredentialRequestOptionsオブジェクトを渡します（図6.2の⑤）。

```
// ブラウザでのコード例
const credential = await navigator.credentials.get({
  publicKey: publicKeyCredentialRequestOptions
});
```

## パスキー認証リクエスト —— 呼び出しパラメータの概要

PublicKeyCredentialRequestOptionsオブジェクトには主に次のパラメータが含まれます。

```
// ブラウザでのコード例
const publicKeyCredentialRequestOptions = {
  challenge: *****,         ――❶
  allowCredentials: [],     ――❷
  timeout: 300000,          ――❸
  userVerification: 'preferred'  ――❹
```

# 第6章 WebAuthn APIリファレンス

```
};

const credential = await navigator.credentials.get({
  publicKey: publicKeyCredentialRequestOptions
});
```

### ❶challenge —— CSRFやリプレイ対策用に必須

サーバで生成された署名対象となる`ArrayBuffer`です。ほかのデータとともに署名されます。

### ❷allowCredentials —— 登録済み公開鍵クレデンシャル

認証に利用可能な公開鍵クレデンシャルを指定することができます。このパラメータはオプションであり、デフォルトでは空の配列が指定されます。空の配列の場合、任意のパスキーを利用可能という意味になり、ディスカバラブルクレデンシャルを使った認証が行われます。

### ❸timeout —— API実行の有効時間

指定された時間内にユーザー操作が完了しない場合、タイムアウトエラーとなります。指定しない場合、ブラウザのデフォルト値が設定されます。

### ❹userVerification —— 認証器によるローカルユーザー検証の制御

認証器によるローカルユーザー検証(生体認証、PIN入力など)の必要性を指定します。登録時同様`'required'`、`'preferred'`、`'discouraged'`が指定できます。このパラメータはオプションであり、デフォルトでは`'preferred'`が指定されます。詳しくは6.5節の「authenticatorSelection.userVerification」をご覧ください。

## パスキー認証レスポンス —— 返却パラメータの概要

`navigator.credentials.get()`のレスポンスとして、パスキー作成時と同様に公開鍵クレデンシャルが返されます。登録時に返ってくる公開鍵クレデンシャルと明確に区別するため、ここではこれを「パスキー認証レスポンス」と呼びます。パスキー認証時の`PublicKeyCredential.response`には、`AuthenticatorAssertionResponse`オブジェクトが指定されます(図6.2の⑥)。

```
PublicKeyCredential {
  id: USVString, ──────────────❶
  rawId: ArrayBuffer, ─────────❷
  response: AuthenticatorAssertionResponse {
    authenticatorData: ArrayBuffer, ──❸
    clientDataJSON: ArrayBuffer, ─────❹
    signature: ArrayBuffer, ──────────❺
    userHandle: ArrayBuffer ──────────❻
  },
  authenticatorAttachment: DOMString, ─❼
  type: DOMString ─────────────────────❽
}
```

`AuthenticatorAssertionResponse`には次の`clientDataJSON`オブジェクトが含まれています。

```
{
  "type": "webauthn.get", ──────────❾
  "origin": "https://example.com",
  "challenge": "*****"
}
```

各オブジェクトのパラメータの詳細を見ていきましょう。

▎❶ id ── エンコード済みのクレデンシャルID

クレデンシャルIDである`rawId`をBase64URLでエンコードした文字列です。

▎❷ rawId ── クレデンシャルID

クレデンシャルIDを表す`ArrayBuffer`です。

▎❸ response.authenticatorData ── 認証器の情報

`ArrayBuffer`でエンコードされた認証器の情報です。ハッシュ化されたRPのid、フラグ、署名回数などの重要な情報が含まれています。詳しくは8.6節の「Attestation Objectを構成するパラメータ一覧」の`authData`をご覧ください。

▎❹ response.clientDataJSON ── 認証リクエストのコンテキストを示すデータ

`ArrayBuffer`として格納された文字列です。`CollectedClientData`としてエンコードされたJSONが格納されています。`CollectedClientData`に含まれるパラメータについては基本的にパスキー作成レスポンスと同様です。ただし、`clientDataJSON.type`については異なるため後述の解説を参照してください。

# 第6章 WebAuthn APIリファレンス

**❺response.signature** —— レスポンスに対する署名

パスキー認証レスポンスで最も重要な、認証器が返却した署名の`ArrayBuffer`です。この署名をサーバへ送信し検証することで、ブラウザがパスキー(秘密鍵)を保持する認証器からレスポンスを受け取ったことを証明します。

**❻response.userHandle** —— ユーザー識別子

パスキーが作成された際に指定されたユーザー識別子の`ArrayBuffer`です。データベースの構造上ユーザー識別子を特定する必要がある場合には、この`userHandle`を使用して検索します。

**❼authenticatorAttachment** —— 認証器の接続形態を示すデータ

`'platform'`または`'cross-platform'`のいずれかの文字列が含まれます。含まれる文字列の仕様はパスキー作成レスポンスと同様です。`'cross-platform'`の場合、ユーザーがクロスデバイス認証(3.5節)でログインした可能性があるため、ログインしたデバイスでのパスキーの登録を案内する画面を出すことも検討してください。

**❽type** —— PublicKeyCredentialのタイプ

公開鍵クレデンシャルのタイプです。執筆時点では`'public-key'`のみが定義されています。

**❾clientDataJSON.type** —— レスポンスのタイプ

パスキー認証時には`"webauthn.get"`が含まれます。パスキー作成時とは値が異なります。

## サーバ処理

ここからはサーバ側の処理について説明します。ブラウザのWebAuthn APIを呼び出すための引数(`publicKeyCredentialRequestOptions`)に必要な情報の生成や、WebAuthn APIの結果の検証をサーバで行います。

## 事前準備

パスキー作成時と同様のため省略します。

## パスキー認証リクエストの生成

　SimpleWebAuthnライブラリを利用して、サーバ側で publicKeyCredentialReq uestOptions に最低限必要な情報を生成する例は下記のとおりです（図6.2の⑦）。

```
// サーバでのコード例
// ブラウザからパスキー認証リクエストを要求されたときの処理
app.get('/signinRequest', async (req, res) => {

  var allowCredentials = []; // 再認証の場合にはパスキーのクレデンシャルIDを入れる

  const options = await generateAuthenticationOptions({
    rpID:"example.com",
    allowCredentials,
    timeout: 300000,
  });

  req.session.challenge = options.challenge; // 生成したチャレンジを保存
  return res.json(options);
});
```

## パスキー認証レスポンスの検証

　パスキー認証レスポンスを検証し、認証に成功したらセッションを開始します。SimpleWebAuthnを利用して、ログイン状態とするまでに次の処理が必要になります（図6.2の⑧）。

```
// サーバでのコード例
// ブラウザからパスキー認証レスポンスがPOSTされたときの処理
app.post('/signinResponse', async (req, res) => {

  const credential = req.body;
  const expectedChallenge = req.session.challenge; // 保存しておいたチャレンジ
  const expectedOrigin = 'https://example.com';
  const expectedRPID = 'example.com';

  try {
    const cred =
      credentials.find((cred) => cred.id === credential.id); ──❶
    if (!cred) {
      throw new Error(
        'Matching credential not found on the server.');
    }
```

# 第6章 WebAuthn APIリファレンス

```
  const user =
    users.find((user) => user.id === cred.user_id);  ──❷
  if (!user) {
    throw new Error('User not found.');
  }

  const authenticator = {
    publicKey: isoBase64URL.toBuffer(
      cred.publicKey),
    id: isoBase64URL.toBuffer(cred.id)
  };

  const verification =
    await verifyAuthenticationResponse({
      response: credential,  ──❸
      expectedChallenge,    ──❹
      expectedOrigin,       ──❺
      expectedRPID,         ──❻
      authenticator,
      requireUserVerification: false  ──❼
    });

  const { verified, authenticationInfo } =
    verification;

  const { userVerified } = authenticationInfo;
  if(!userVerified){
    // 必要に応じて追加認証を実施 ❼
  }

  if (!verified) {
    throw new Error('User authentication failed.');
  }

  // 最終利用日時を更新
  await db.update((({ credentials }) => {
    credentials.find((cred) =>
      cred.id === credential.id).last_used = (new Date()).getTime()  ──❽
  });

  req.session.user = { id: username };
  req.session['signed-in'] = true;

  return res.json({ status: 'success' });  ──❾
} catch (e) {
  return res.status(400).json({ error: e.message });
```

```
} finally {
  delete req.session.challenge; ──────⑩
}
});
```

### ❶データベースから公開鍵データの検索

クレデンシャルIDを使ってデータベースを検索し、サーバに保存済みの公開鍵を取得します。このとき、クレデンシャルIDではなく、パスキー認証レスポンスに含まれるuserHandleをキーにしてユーザーIDに紐付く公開鍵を取得する方法もあります。

### ❷データベースから公開鍵に紐付くアカウントの検索

登録時に公開鍵に紐付けて保存していたuser.idをもとにアカウントを特定します。

### ❸署名の検証

ブラウザから送信されたsignatureを検証することで攻撃者によるパスキー認証レスポンスの改竄を防ぎます。署名検証にはauthenticatorDataとclientDataJSONとデータベースから取得した公開鍵を用います。この署名検証はライブラリに任せるとよいでしょう。

### ❹challengeの検証

CSRF攻撃やリプレイ攻撃の対策として、登録時と同様にchallengeを検証します。navigator.credentials.get()の呼び出し時にPublicKeyCredentialCreationOptionsで指定したchallengeの値をセッションに紐付けておき、認証後にサーバへ送信されたclientDataJSON.challengeの値とセッションに保存されている値が一致するか確認します。

### ❺originの検証

clientDataJSON.originがRPのドメインと一致するか確認します。Androidアプリからのリクエストの場合、originはアプリ署名のハッシュ値となるため、追加の実装が必要になります。詳細は第7章を参照してください。

8.3節で説明しているRORを利用して、複数のドメインからのパスキーの利用を受け付ける場合には、ドメインを配列で指定します。

## ❻rp.idの検証

rp.idに指定されているドメイン名がパスキー認証リクエストで指定した値と同一であるかを確認します。

## ❼ローカルユーザー検証結果の検証

パスキー認証リクエスト時に`publicKeyCredentialRequestOptions.userVerification`で`'required'`を指定した場合は、サーバ側でも`attestationObject`に含まれるUVフラグが1(もしくは`true`)になっていることを検証します。

今回の例では`'preferred'`を指定していたので、サーバ側ではローカルユーザー検証結果の検証は必須としていません。`'preferred'`の場合でも、サービスの要件に従い、必要な場合にはローカルユーザー検証結果に応じて追加の認証を行うことも可能です。詳しくは6.5節の「authenticatorSelection.userVerification」を参考にしてください。

## ❽データベースの公開鍵データの更新

前述の検証完了後、データベースに保存されている公開鍵データのうち、次の情報などを更新します。

- 最終利用日時

## ❾認証完了

署名の検証が成功した場合に、ブラウザに認証情報を含めたCookieを発行するなどして、ログイン状態にします。

## ❿challengeの破棄

最後に、使用済みの`challenge`はセッションから破棄してください。
これで一連の認証処理は完了しました。

## 6.5 パラメータの深掘り

本節ではWebAuthn APIのパラメータの中で、サービス側のUXやセキュリティ要件に応じて検討する必要があるものについて解説します。

### authenticatorSelection

`authenticatorSelection`は、パスキーを登録する認証器の種類を指定したり、ローカルユーザー検証の有無を制御したりするオプションです。ユースケースに応じた登録・認証体験となるようにオプションの指定方法についての考慮事項を確認しましょう。

### authenticatorSelection.authenticatorAttachment

このパラメータはRPがユーザーに登録を要求する認証器の種類を制御するオプションです。パスキーの登録をスムーズにするためのポイントを確認していきます。

#### プラットフォーム認証器での登録を強制する

RPのアカウント登録後にはじめてパスキーの登録を促す場合や、パスキーのプロモーションページから既存のアカウントに対してパスワードなどの認証手段からパスキーへの移行を促す場合は、登録する認証手段をパスキープロバイダなどのプラットフォーム認証器に固定することで、USBセキュリティキーやNFCなどを含めた外部端末のローミング認証器を選択肢として表示させず、ユーザーが迷わずにパスキーの登録を行えるようにできます。

このようなケースでは、`authenticatorSelection.authenticatorAttachment`に`'platform'`を指定します。

#### 外部の認証器（ローミング認証器）も選択肢に加える

前述のプラットフォーム認証器での登録を強制するケースとは逆に、多種多様な認証器を使いこなすユーザーを想定する場合には、あえてユーザーに選択肢を与えることも必要になります。たとえば、アカウントの認証設定ペ

# 第6章 WebAuthn APIリファレンス

ージにてプラットフォーム認証器またはローミング認証器のどちらも登録可能にしておくことが想定されます。

この場合、authenticatorSelection.authenticatorAttachmentはパラメータを設定しないでください。明示的に設定しないことで、プラットフォーム認証器、ローミング認証器のどちらでも登録することができるようになります。

## authenticatorSelection.userVerification

このパラメータはRPがパスキーを要求する際のローカルユーザー検証（生体認証、PIN入力など）の要不要を制御するオプションです。

### 'required' —— ローカルユーザー検証を必須にする

'required'を設定した場合、ローカルユーザー検証が実行できないと、クライアント上でエラーとなります。

'required'を設定しローカルユーザー検証の実行を必須とすることで、より高い強度の認証にできます。たとえば、会社の重要な情報を取り扱うシステムなどの認証で使用するとよいでしょう。もちろん、ローカルユーザー検証を要求するため、生体認証やPINの設定を有効にできるセキュリティキーやスマートフォンが前提となります[注11]。なお、Macにおいては、Touch IDが利用できない場合、ローカルユーザー検証にmacOSのシステムパスワードが要求されるため、ユーザーが混乱するケースがありえます。'required'を選択する場合は慎重に検討してください。

なお、'required'の設定をした場合でも、環境によってはローカルユーザー検証を実施せずに認証成功としてレスポンスを返却する場合があります。また、攻撃者がブラウザ上でリクエストを書き換える（後述する'discouraged'に変更する）ことでローカルユーザー検証をスキップしてログインを試みる可能性もあります。ローカルユーザー検証の実行を期待する際には、必ずサーバ側でUVフラグを検証しましょう。

なお、ユーザーがローカルユーザー検証に失敗した場合、WebAuthn APIはユーザーがキャンセルしたことを示すエラーを返却します。

---

注11　高セキュリティなユースケースでローカルユーザー検証を必須にする場合、ユーザーが信頼できる認証器を利用しているかも気にする必要があります。詳細は8.5節「より高いセキュリティのためのセキュリティキー」を参照してください。

### 'preferred' —— ローカルユーザー検証が利用可能な場合は実施する

'preferred'を設定した場合、ローカルユーザー検証が実行できない場合でも端末側でエラーにならず、サーバ側にレスポンスが返却されます。

たとえば、上述したMacにおけるシステムパスワードの要求を'preferred'を設定することで避けることができます。

ローカルユーザー検証が実行された場合にはUVフラグが1(もしくはtrue)、実行されない場合には0(もしくはfalse)となるため、サーバ側でローカルユーザー検証が実施されたかどうかを判別することができます。

### 'discouraged' —— ローカルユーザー検証はなるべく実施しない

'discouraged'を設定した場合、ローカルユーザー検証を実施しないことが期待されます。

ただし、スマートフォン上のパスキープロバイダやWindows HelloなどのMac以外のプラットフォーム認証器においては、ほとんどの場合、'discouraged'の場合にもローカルユーザー検証を要求します。

........................................

ここまでauthenticatorSelection.userVerificationについて解説をしてきましたが、userVerificationを指定しない場合のデフォルトは'preferred'となっており、GoogleやAppleも'preferred'を推奨していることもあり、本書でも'preferred'を設定することを推奨します。

また、細かな挙動はOS、ブラウザや認証器ごとに差異があり、仕様として規定されている動作と異なる場合もあります。各OSの挙動の詳細についてはpasskeys.dev[注12]にまとめられていますので、そちらもあわせてご覧ください。

## excludeCredentials

主要なパスキープロバイダでは、1つのRP IDにつき1つのパスキーしか作ることができないため、ユーザーが2つ目のパスキーを登録すると、古いものが上書きされてしまいます。不要なパスキーの重複登録を防ぐための機能がexcludeCredentialsです。

excludeCredentialsにはアカウントに紐付く登録済みのクレデンシャルID

---

注12 https://passkeys.dev/

# 第6章 WebAuthn APIリファレンス

をPublicKeyCredentialDescriptorを用いてすべて指定します。

- **id**
  クレデンシャルID
- **type**
  公開鍵クレデンシャルのタイプ

一致するパスキーがすでに存在する場合、パスキー作成リクエストはエラーになるため、ユーザーには追加の登録は不要であることを知らせましょう。

```
// ブラウザでのコード例
const publicKeyCredentialCreationOptions = {
  …省略…
  excludeCredentials: [
    {
      id: *****,
      type: 'public-key'
    },
    {
      id: *****,
      type: 'public-key'
    }
  ],
  …省略…
};

const credential =
  await navigator.credentials.create({
    publicKey: publicKeyCredentialCreationOptions
  });
```

## allowCredentials

ユーザーが認証済みではあるものの、決済や重要な取引の直前に再認証を要求したい状況もあります。ですが、`allowCredentials`に空の配列を渡して`navigator.credentials.get()`を呼び出してしまうと、ユーザーが複数アカウントを保持していた場合に意図せずアカウントが切り替わってしまう可能性があります。

そのようなときに、`allowCredentials`を使うことで、認証済みのアカウントに対してのローカルユーザー検証のみを行うことができます。

指定にはexcludeCredentialsと同様にPublicKeyCredentialDescriptorを

用います。

allowCredentialsを指定する場合のサンプルコードを次に示します。

```
// ブラウザでのコード例
const publicKeyCredentialRequestOptions = {
  …省略…
  allowCredentials: [
    {
      id: *****,
      type: 'public-key'
    }
  ],
  …省略…
}

const credential = await navigator.credentials.get({
  publicKey: publicKeyCredentialRequestOptions
});
```

## 6.6 まとめ

　本章ではパスキーを構成する技術や用語、加えてWebAuthn APIのインタフェース、そしてサーバ側の実装について詳細な解説をしました。

　WebAuthnのパスキー作成、認証に必要なAPIリクエスト、レスポンス、パラメータの使い方が、パスキーの実装における重要なポイントとなります。WebAuthn APIの使い方、その結果のハンドリングに悩んだ際には、本章に戻ってきて各パラメータの仕様を確認するとよいでしょう。

# 第6章 WebAuthn APIリファレンス

> **Column**
>
> ## パスキーの同期を禁止する方法はある？
>
> サービスとして、どうしてもパスキーを同期させたくないという要件もあるかもしれません。たとえば、NIST SP800-63のAAL3の要件に従うためには、同期されないパスキーの利用が必須になるためです。
>
> 残念ながら、パスキーの登録時にパスキーの同期を禁止する方法はありません。ただし、同期しないパスキーを作る環境はまだ残っているため、パスキーを作成した後に、パスキーの種類を確認して、同期パスキーの場合には登録エラーとする方法はあります。
>
> 簡易的に確認するには、登録時にBE（*Backup Eligibility*）フラグを確認することです。BEフラグが1（もしくはtrue）である場合には同期パスキーであることがわかるので、エラーとします。厳密に確認するには、登録時に認証器のAttestationを確認することが必要です。実装の詳細は、8.6節を参照してください。
>
> いずれにせよ、現時点では、パスキーの作成処理がクライアント側で成功した場合、その後サーバ側で登録エラーとしても、パスキー自体はユーザーの端末に作成されてしまいます。Signal API[a]が利用できれば削除可能ですが、できなければ、利用不可のパスキーが作られ、UXが大幅に悪化することに注意してください。
>
> 加えて、Android、iOS端末において、セキュリティキーなどのローミング認証器を利用せずに、同期しないパスキーを作成することはできません。よって、同期しないパスキーの強制は、パスキーを利用できるユーザーを大幅に制限してしまうことに留意が必要です[b]。
>
> ---
> 注a　8.4節参照
> 注b　Android端末では、旧来のディスカバラブルでない（ノン・ディスカバラブルな）クレデンシャルを作成することでデバイス固定とすることは可能ですが、本書で定義するパスキーの範疇（はんちゅう）には入らず、実装方法も若干異なります。

# 第7章

# スマホアプリ向けの実装
AndroidとiOSにおける実装を確認しよう

# 第7章 スマホアプリ向けの実装

これまで本書では、主にブラウザでパスキーを利用する方法について説明してきました。

本章では、スマートフォン（以降、スマホ）のネイティブアプリ内での認証にパスキーを利用する方法について概要を解説します。スマホのネイティブアプリ内でパスキーを利用するには、大きく分けて2つの方法があります。ブラウザコンポーネントを利用してWebで実装する方法と、OSのAPIを利用してネイティブアプリ上で実装する方法です。ブラウザコンポーネントを利用する場合には、JavaScriptのWebAuthn APIを利用してWebサイト上で実装しますが、ブラウザコンポーネントとアプリ間の連携が必要です。OSのAPIを利用する場合には、ネイティブアプリならではの一貫したUXが実現できる一方、OSごとに異なるAPI仕様に合わせて実装する必要があるほか、アプリとサーバのドメイン名を紐付けるための設定が必要となります。

それでは、iOS/iPadOSと、Androidそれぞれについて、実装方法を確認していきましょう。

## 7.1 iOS/iPadOS

iOSやiPadOSでパスキーを利用するには、主に以下の2つの方法が考えられます[注1]。

❶ `ASWebAuthenticationSession`を利用して、Webサイト上でパスキーでログインし、その結果を受け取る

❷ `ASAuthorizationPlatformPublicKeyCredentialProvider`を利用して、ネイティブで実装する

### ASWebAuthenticationSessionを利用して、Webサイト上でパスキーでログインし、その結果を受け取る

`ASWebAuthenticationSession`[注2]は、アプリ内ブラウザとも呼ばれ、パスキーの実装はWebサイト上で行います。アプリの部品として、ブラウザ（Safari）の画面をモーダルで表示したうえで、引数に設定した任意のカスタムURLス

---

注1 ほかにも、Associated Domain設定があるWebサイトであれば、WKWebViewで動作させることも可能ですが、ここでは詳細は省略します。

注2 Swiftでより簡単に実装できる、`WebAuthenticationSession`もiOS 16.4から利用可能です。

キーマ、もしくはHTTPSスキーマのURL（iOS 17.4以降）を使ってアプリに処理を戻すことができます。一方、Webサイト上のセッションを安全にアプリに共有するには、OAuth 2.0などのプロトコルを利用する必要があります。本書はパスキーの実装がトピックですので詳細は説明しません。RFC 8252 - OAuth 2.0 for Native Apps[注3]などを参考にしてください。

　`ASWebAuthenticationSession`を使ううえでのパスキー独自の留意点としては、`ASWebAuthenticationSession`には、SafariとCookieを共有するデフォルトのモードと、`prefersEphemeralWebBrowserSession`というオプションを設定することで、Cookieを共有しない（プライベートブラウズ相当の）モードがあります。Cookieを共有する場合、ユーザーに「"アプリ名"がサインインのために"ドメイン"を使用しようとしています。」というダイアログが表示されるため、ユーザーにとってネガティブな印象を与える場合があります（図7.1）。IDとパスワードによるログインの場合、Safariでユーザーがログイン済みであればその情報を引き継げるため、UXが上がります。一方、パスキーを使ってログインできるのであれば、たとえログイン状態を引き継げなくても、それほど苦痛にならないため、Cookieを共有しない代わりに、ダイアログ表示をしない`prefersEphemeralWebBrowserSession`オプションを設定することも検討してください。

## ASAuthorizationPlatformPublicKeyCredentialProviderを利用して、ネイティブで実装する

　ブラウザのWebAuthnと類似のAPIがiOSのAPIでも用意されています。それが`ASAuthorizationPlatformPublicKeyCredentialProvider`です。類似の

---

注3　https://tex2e.github.io/rfc-translater/html/rfc8252.html

図7.1　ASWebAuthenticationSessionのCookie共有同意ダイアログ

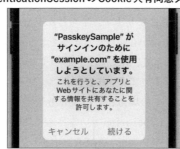

# 第7章 スマホアプリ向けの実装

APIとして、ASAuthorization**SecurityKey**PublicKeyCredentialProviderというAPIも用意されています。両者の違いは、前者がiCloudキーチェーンなどのパスキープロバイダに保存されたパスキーの利用のためのAPIで、後者が外部セキュリティキーを利用するためのAPIです。パスキーという名前を最初に提唱したAppleとしては、この2つは別物として扱ったほうがUXが良いと判断したのだろうと思われます。

どちらのAPIも利用方法は類似していますが、本書では前者のAPIの利用を前提に説明します。

なお、iOSサンプルアプリの実行には、Apple Developer Programのアカウントと、自分で管理できるドメインが必要です。

まずは下記のURLから、Appleが公開しているパスキーサンプルアプリ「Shiny」をダウンロードしましょう。冒頭部にDownloadボタンがあります。

- https://developer.apple.com/documentation/authenticationservices/connecting_to_a_service_with_passkeys

上記ページの案内に従って、アプリとWebサイト(ドメイン)の紐付けを行いますが、まずはAssociated Domainsについて説明します。

## Associated Domainsとは

Associated Domainsとは、その名のとおり、特定のアプリと特定のWebサイト(ドメイン)が、同じ管理者によって運営されていることをOSに通知する方法です。たとえば、スマホのブラウザ上でAmazonのリンクをクリックしたら、Amazonアプリが起動することがあります。これはディープリンクとも呼ばれますが、AmazonのWebサイトとAmazonアプリが同じ管理者によるサービスであることをOSが認識し、さらに、Webサイト、アプリの両方で「もしブラウザでAmazon.co.jpの特定のリンクが(Amazon.co.jp以外のサイト上で)クリックされたら、そのリンクをAmazonアプリに転送すること」と設定することでそれが可能になります。もちろん、Amazon以外のアプリが勝手にAmazon.co.jpドメインから開けてしまうと、不正の温床になるので防がなければなりません。よって、Webサイト上に「このアプリは当Webサイトと同じ管理者で、信頼できるアプリである」ということを証明する設定ファイルを配置します。iOSアプリの場合、それはWebサイトドメインの、/.well-known/apple-app-site-associationというパスにJSONファイルを配置することで行います。名前が長いので、**AASA**ファイルとも呼ばれます。

これと同様に、アプリ内でパスキーを利用する場合、「このアプリはこのWebサイトと同じ管理者のアプリなので、このドメイン用のパスキーを用いて、このアプリにログインしても良い」ということを証明するために、やはりAASAファイルにアプリ情報を記載します。

### AppID、Provisioning Profileの作成

AppleのDeveloperサイトにアクセスし、今回のサンプルアプリのためのAppID、Provisioning Profileを作成してください。その際に、CapabilityとしてAssociated Domainsを選択しておいてください。詳細の手順は省略します。

ここで作成したアプリのIDとなるBundleIDを、次のステップで利用します。

### AASA（apple-app-site-association）ファイルの配置

Associated Domainsを設定するには、ルートの.well-known配下にファイルを配置できるドメイン名が必要です。サブドメインでも問題ありません。Google App EngineやAWSなどを活用してください。

```
{"applinks":
 "webcredentials": {
    "apps": ["GTW6722F27.com.example.shiny"]
 }
}
```

当該ドメインの/.well-known/apple-app-site-associationにアクセスし、AASAファイルが正常に作成されたことを確認してください。

### Xcodeでの編集

先ほどダウンロードしたShinyアプリをXcodeで開きます。案内のとおりに、`info.plist`にAssociated Domains設定を行います。

さらに、`AccountManager.swift`の18行目の`domain`を、自身のドメインに修正します。

```
let domain = "example.com"
```

### 一度動かしてみる

この状態で、いったん実行してみましょう。たとえば、AppleIDなどを設定していないエミュレータ上では、起動後しばらくして、図7.2のような画面が表示されます。エミュレータでは、QRコードを使ったクロスデバイス認

# 第7章 スマホアプリ向けの実装

図7.2 Shinyアプリをエミュレータで起動した状態

証によるログインが動作しないので、ここまでとなります。

サンプルアプリを実機で実行すると、ログイン画面が表示されます。そのままログインすると、Today is Shinyという画面に遷移します。

ただし、この時点ではAppleのサンプルアプリと、Webサーバ間の通信は実装されていないため、実際にログイン処理が行われたわけではないことに留意してください。

ここまでくれば、iOSでのパスキー実装の大きな一歩である、Associated Domains設定が完了したことになります。

### 動かない場合は

Associated Domainsの設定は、エラーもわかりづらく、どこに不備があるか判断がつきにくいことが多いです。動かない場合は、下記を試してみてください。

- **Associated Domains設定を見なおす**
  - ドメイン名が間違っていないか
  - Debug、Release両方の設定を書き換えたか
- **AASAファイルのBundleIDが間違っていないか、JSONが正しいフォーマットかを見なおす**
- **developerモードの設定を行う**
  - Associated Domains設定の末尾に、?mode=developerと記載することでdeveloperモードになる。Appleのキャッシュサーバを経由せず、アプリが直接サーバにアクセスしてAASAファイルを取得するため、開発・検証サーバがローカルネットワーク内に存在する場合に利用する

- サーバが動作しているかを確認する
  - httpではなく、httpsでアクセスできるか
  - キャッシュが残っていないか
  - IPアドレスでアクセス制限がされていないか
  - HTTPヘッダのContent-Typeがapplication/jsonになっているか（拡張子がないため、サーバによっては正常に認識されない場合がある）
- Appleのキャッシュサーバにアクセスする
  - Appleのキャッシュサーバ[注4]にアクセスしてJSONが取得できるかを確認する

## パスキー作成

　無事Associated Domainsの設定が終了したら、実際のパスキー作成処理の実装に移ります。

　パスキーを作成するには、下記のとおり、`ASAuthorizationPublicKeyCredentialRegistrationRequest`を引数に`ASAuthorizationController`を作成することで実施します。

　`createCredentialRegistrationRequest`の引数として、`challenge`、`name`、`userID`が必須となります[注5]。`displayName`はAppleデバイスでは利用しません。この中で、`challenge`、`userID`は`Data()`型となりますので、サーバからBase64URL形式で受領した場合、変換が必要です。また、SwiftではデフォルトでBase64URL形式のデコード処理がありませんので、自分で実装するか、外部ライブラリを利用する必要があることに留意してください。

```
let publicKeyCredentialProvider =
  ASAuthorizationPlatformPublicKeyCredentialProvider(
    relyingPartyIdentifier: domain)
let registrationRequest = publicKeyCredentialProvider.createCredentialRegistratio
nRequest(
  challenge: challenge,
  name: userName,
  userID: userID
)
authController = ASAuthorizationController(authorizationRequests: [ registrationR
equest ] )
authController!.delegate = self
authController!.presentationContextProvider = self
authController!.performRequests()
```

---

注4　https://app-site-association.cdn-apple.com/a/v1/example.com
注5　`displayName`はAPIが対応していません。

# 第7章 スマホアプリ向けの実装

## パスキーによる認証

パスキーによる認証をするには、下記のとおり、`ASAuthorizationPublicKeyCredentialAssertionRequest`を引数に`ASAuthorizationController`を作成することで実施します。

`createCredentialAssertionRequest`の引数として、challengeが必須となります。作成時同様、challengeはData()型です。

```
let publicKeyCredentialProvider =
  ASAuthorizationPlatformPublicKeyCredentialProvider(
    relyingPartyIdentifier: domain)
let assertionRequest =
  publicKeyCredentialProvider.createCredentialAssertionRequest(
    challenge: challenge)
authController = ASAuthorizationController(
  authorizationRequests: [ assertionRequest ] )
authController!.delegate = self
authController!.presentationContextProvider = self
authController!.performRequests()
```

## API実行結果の取得

`AccountManager`クラスは`ASAuthorizationControllerDelegate`を継承しているため、`createCredentialRegistrationRequest`、ならびに`createCredentialAssertionRequest`の結果は、`authorizationController`を実装することで得られます。

得られたデータはData()型となるため、Base64URLエンコードしてサーバに送信します。Swiftには標準でBase64URLエンコードするメソッドがないため、Base64エンコードとするか、Base64URLエンコードする処理を自作するか、外部ライブラリを取り込む必要があります。

```
func authorizationController(
  controller: ASAuthorizationController, didCompleteWithAuthorization
  authorization: ASAuthorization) async {
  switch authorization.credential {
    case let credentialRegistration as
      ASAuthorizationPlatformPublicKeyCredentialRegistration:
        // パスキー作成
        let attestationObject = base64url(
        data:credentialRegistration.rawAttestationObject ?? Data())
        let clientDataJSON = base64url(
          data:credentialRegistration.rawClientDataJSON)
        let credentialID = base64url(data:credentialRegistration.credentialID)
        // 上記結果をサーバに送信
```

```
  case let credentialAssertion as
    ASAuthorizationPlatformPublicKeyCredentialAssertion:
    // パスキーによる認証
    let signature = base64url(data:credentialAssertion.signature)
    let credentialID = base64url(data:credentialAssertion.credentialID)
    let authenticatorData = base64url(
      data:credentialAssertion.rawAuthenticatorData)
    let clientDataJSON = base64url(
      data:credentialAssertion.rawClientDataJSON)
    let userID = base64url(data:credentialAssertion.userID)
    // 上記結果をサーバに送信

  default:
    fatalError("Received unknown authorization type.")
  }
}
```

### サーバとの通信処理

ブラウザと同様、サーバで作成されたチャレンジなどのデータを受信し、パスキーによる認証データをサーバに返却するため、大きく4つの処理が必要となります。

- パスキー作成用のリクエスト取得
- パスキー作成用のレスポンス送信
- パスキーによる認証用のリクエスト取得
- パスキーによる認証用のレスポンス送信

詳細は、付録Bを参照してください。なお、サーバとの通信は非同期処理となるため、UIスレッド上での実行はエラーとなる可能性があります。適宜 `Task{}` などを利用して別スレッドで処理を実行してください。

# 第7章 スマホアプリ向けの実装

## 7.2 Android

Androidアプリでパスキーを利用するには、主に以下の2つの方法が考えられます[注6]。

- ❶Custom Tabsを利用して、Webサイト上でパスキーを使用し、その結果を受け取る
- ❷Credential Managerを利用して、ネイティブで実装する

### Custom Tabsを利用して、Webサイト上でパスキーを使用し、その結果を受け取る

Custom Tabsはアプリ内ブラウザとも呼ばれ、パスキーの実装はWebサイト上で行います。WebViewに似ていますが、タブが全画面表示される、Cookieを含めたストレージがデフォルトブラウザと共有される、コードをインジェクトできない、という点で異なるため、WebViewのようにブラウザ機能を埋め込むというよりは、デフォルトブラウザの機能をアプリに付属する、といったほうが適切でしょう。

パスキーという文脈においては、ユーザーにCustom Tabs上で認証を行ってもらったうえで、App Linksを使ったディープリンクでアプリに処理を戻すことができます。一方、Webサイト上のセッションを安全にアプリに共有するには、OAuth 2.0などのプロトコルを利用する必要があります。本書はパスキーの実装がトピックですので詳細は説明しません。RFC 8252 - OAuth 2.0 for Native Apps[注7]などを参考にしてください。

### Credential Managerを利用して、ネイティブで実装する

Androidには、WebAuthn APIに似たFIDO2.0 APIというAPIがありましたが、パスキーの登場以降、Credential Managerと呼ばれるJetpackライブラリ

---

注6 ほかにも、Digital Asset Links設定があるWebサイトであれば、WebViewで動作させることも可能ですが、ここでは詳細は省略します。詳しくは、https://developer.android.com/identity/sign-in/credential-manager-webview を参照してください。

注7 https://tex2e.github.io/rfc-translater/html/rfc8252.html

の利用が推奨されています。Credential Managerは異なるAndroid OSやGoogle Play開発者サービスのバージョン間の差異を吸収するだけでなく、パスワード認証やID連携など、異なる認証APIを1つに統合します。今後Androidはあらゆる認証機能をCredential Managerに寄せていくようです。なお、FIDO2.0 APIも本書執筆時点でまだ利用できますが、今後引き続き利用できる保証はありません。

　パスキーを使ったAndroidアプリの開発は、Googleの提供するコードラボで学べるため、本書での解説はドメインの設定に絞ります。

- https://codelabs.developers.google.com/credential-manager-api-for-android?hl=ja

## Digital Asset Linksとは

　AndroidにはAppleのAssociated Domainsと類似したDigital Asset Linksというしくみがあります。これはAndroidアプリとWebサイト（ドメイン）が関連付けられていることを検知できるようにするGoogle独自のしくみで、ユーザーがクリックしたHTTPSのリンクをアプリで開いたり（ディープリンク）、Webサイトで保存したパスワードを関連付けられたアプリで利用したり、その逆をできるようにします。

　同じRP IDを使って作られたパスキーは、Digital Asset Linksを使って関連付けられたアプリとWebサイト、どちらでもログインできるようになります。

　続いてDigital Asset Linksの設定方法を解説します。

## assetlinks.jsonファイルをWebサイトに配置する

　Webサイトの`/.well-known/assetlinks.json`というパスに、関連付けられたアプリの情報を含むJSON形式の設定ファイルを配置します。たとえばドメインが`https://signin.example.com`であれば、`https://signin.example.com/.well-known/assetlinks.json`ということになります。Content-Typeヘッダは必ず`application/json`を返すようにしましょう。`sha256_cert_fingerprints`にはSHA-256証明書のフィンガープリントを追加します。これを得るには、下記のコマンドを利用します。

```
> keytool -list -keystore <path-to-apk-signing-keystore>
```

　`delegate_permission/common.get_login_creds`はクレデンシャルを共有する関係であることを意味します。

# 第7章 スマホアプリ向けの実装

```
[
  {
    "relation" : [
      "delegate_permission/common.handle_all_urls",
      "delegate_permission/common.get_login_creds"
    ],
    "target" : {
      "namespace" : "android_app",
      "package_name" : "com.example.android",
      "sha256_cert_fingerprints" : [
        // この値を自分のアプリのものと置き換えます
        "91:F7:CB:F9:D6:81:53:1B:C7:A5:8F:B8:33:CC:A1:4D:AB:ED:E5:09:C5"
      ]
    }
  }
]
```

### アプリからもassetlinks.jsonファイルを参照する

同様に、アプリにもこのファイルを参照するアノテーションを加えます。Manifestファイルの`<application>`の下に下記の記述を加えます。

```
<meta-data android:name="asset_statements"
           android:resource="@string/asset_statements" />
```

また、下記のようなステートメントを`res/values/string.xml`に追加します。

```
<string name="asset_statements" translatable="false">
[{
  \"include\": \"https://signin.example.com/.well-known/assetlinks.json\"
}]
</string>
```

## originの扱いについて

Digital Asset Linksを使ったAndroidアプリでのパスキー認証において、サーバサイドで1点だけ気を付けなければならないのが、originがWebサイトのドメインではなく、アプリのシグニチャで返ってくるということです。

サーバサイドでは、フィッシングを防ぐため、公開鍵クレデンシャルに含まれるClientDataのoriginが、サービスの期待しているドメインと一致するかチェックする必要があります(詳しくは6.1節の「Relying Party」参照)。こうすることで、自サービス向けのリクエストかどうかを検証することができます。しかし、Androidアプリの場合、Webドメインではなく、アプリのシグニ

チャが送られてくるので、期待しているシグニチャかどうかを検証する必要
があります。

- **アプリのシグニチャ例：**
  android:apk-key-hash:kffL-daBUxvHpY-4M8yhTavt5QnFEI2LsexohxrGPYU

このシグニチャを得るには、sha256_cert_fingerprintsで指定したフィンガープリントのコロンを取り除き、Base64URLハッシュしたものがアプリのシグニチャと一致するかを確認します。

fingerprintの部分を自分のアプリのフィンガープリントと置き換えて下記のPythonコマンドを実行することで、アプリのシグニチャを取得することができます。

```python
import binascii
import base64
fingerprint = '91:F7:CB:F9:D6:81:53:1B:C7:A5:8F:B8:33:CC:A1:4D:AB:ED:E5:09:C5'
print("android:apk-key-hash:" +
    base64.urlsafe_b64encode(
        binascii.a2b_hex(fingerprint.replace(':', ''))
    ).decode('utf8').replace('=', ''))
```

シグニチャは変わるものではないので、動的に割り出す必要はありません。環境設定ファイルなどに記述しておきましょう。

# 7.3 まとめ

本章ではスマホのネイティブアプリ内での認証にパスキーを利用する方法について概要を解説しました。スマホのネイティブアプリ内でパスキーを利用するには、アプリ内ブラウザを利用する方法と、OSのAPIを利用する方法の2つがあり、それぞれの実装方法や、利点と課題について簡単に紹介しました。

本書の本編は以上となります。次章では、応用編として、パスキーをさらに活用するために策定が進む新しい仕様や、主にセキュリティキーで利用できる拡張仕様（Extension）について紹介します。

# 第7章 スマホアプリ向けの実装

> **Column**
>
> ## アプリで利用している生体認証とパスキーは何が違うの？
>
> 　パスキーの登場以前から、既存のスマホアプリには起動時や決済時に生体認証やスクリーンロックのPINなどを要求するものがあります。これらとパスキーは、どちらもユーザーからみて非常によく似たUXですが、裏側の挙動は大きく異なります。最大の違いは、ユーザーのアカウントと認証情報（クレデンシャル）が紐付いており、初めて利用する端末においてもアプリにログインすることができるかどうかです。
>
> 　今まで解説してきたとおり、パスキーはパスキープロバイダなどの認証器に保存され、複数デバイス間で同期したり、他のデバイスでログインするときにも利用できます。このパスキーの特性はブラウザだけでなく、アプリへのログインにおいても有効です。
>
> 　一方、アプリで使う生体認証やPINによる認証では、OSのAPI[a]を利用して、認証が成功したか、失敗したかのTrue/Falseの値だけが返却されます。認証の成否だけがわかっても、ユーザーが誰なのかがわからないため、アプリを一番最初に起動したときに利用することはできません。何らかの方法でユーザーにログインしてもらう必要があります。
>
> 　ちなみに、アプリで実施した生体認証の結果と公開鍵暗号の処理を組み合わせて、サーバとの認証を行っている場合も考えられます。これを標準化したものが第9章で説明するUAFという仕様になります。
>
> ---
>
> 注a　Androidであれば、BiometricManager、iOSであればLocal Authentication Framework。

# 第8章 パスキーの より高度な使い方

より効果的な活用とUX向上方法を知ろう

# 第8章 パスキーのより高度な使い方

本章では、パスキーのより高度な使用方法について解説します。パスキーの保存先や複数ドメインでの利用、セキュリティ強化のためのセキュリティキー、そしてユーザーがパスキーにアクセスできなくなった場合の対策など、パスキー導入後のさまざまな課題と解決策を詳しく解説します。これらの知識は、パスキーをより効果的に活用し、ユーザー体験を向上させるために重要です。

## 8.1 パスキーの保存先パスキープロバイダを知る

ユーザーは1つのRPに複数のパスキーを作成できるため、RPは複数の公開鍵クレデンシャルを保存できる必要があります。そのためRPには、ユーザーがパスキーを管理できるように、登録済みパスキーの一覧表示や不要になったパスキーを削除する機能の提供が求められます。

ユーザーがRP上でパスキーを管理するためには、公開鍵クレデンシャルに対応するパスキーがどのデバイスやパスキープロバイダに保存されているものかを特定できると便利です。管理画面で提供する機能の方針は5.9節で解説したとおりです。

パスキー作成レスポンスから、登録されたクレデンシャルのプロバイダを特定できる **AAGUID**(*Authenticator Attestation Globally Unique Identifier*)を取得できる場合があります。これはパスキープロバイダなど認証器のモデルを示す一意なIDで、attestationObjectに格納されています。attestationObjectの構造について、詳しくは8.6節をご参照ください。

```
// SimpleWebAuthnの実装例
const { verified, registrationInfo } = await verifyRegistrationResponse({
  response: credential,
  expectedChallenge,
  expectedOrigin,
  expectedRPID,
  requireUserVerification: false
});

…省略…

const { aaguid } = registrationInfo;
const provider_name = aaguids[aaguid]?.name || '不明なパスキープロバイダ';
```

AAGUIDは、たとえばGoogleパスワードマネージャーを表す"ea9b8d66-4d01-1d21-3ce4-b6b48cb575d4"のようにUUID v4のフォーマットとなっています。し

かし、この文字列単体ではパスキープロバイダを特定することができません。

　AAGUIDがどのパスキープロバイダを表しているかは、パスキー開発者コミュニティでクラウドソースされているリポジトリを参照することでわかります[注1]。JSON形式でAAGUIDをキーにしてパスキープロバイダの名前やicon情報（Base64エンコード済みのSVGデータ）を取得することが可能です。

- https://github.com/passkeydeveloper/passkey-authenticator-aaguids

以下はリポジトリで管理されているパスキープロバイダリストの例です。

```
{
  "ea9b8d66-4d01-1d21-3ce4-b6b48cb575d4": {
    "name": "Google Password Manager",
    "icon_dark": "data:image/svg+xml;base64,PHN2Z.....2Zz4=",
    "icon_light": "data:image/svg+xml;base64,PHN2Z.....2Zz4="
  },
  "adce0002-35bc-c60a-648b-0b25f1f05503": {
    "name": "Chrome on Mac",
    "icon_dark": "data:image/svg+xml;base64,PHN2Z.....nPg==",
    "icon_light": "data:image/svg+xml;base64,PHN2Z.....nPg=="
  },
  "08987058-cadc-4b81-b6e1-30de50dcbe96": {
    "name": "Windows Hello",
    "icon_dark": "data:image/svg+xml;base64,PHN2Z.....nPg==",
    "icon_light": "data:image/svg+xml;base64,PHN2Z.....nPg=="
  },
  "9ddd1817-af5a-4672-a2b9-3e3dd95000a9": {
    "name": "Windows Hello",
    "icon_dark": "data:image/svg+xml;base64,PHN2Z.....nPg==",
    "icon_light": "data:image/svg+xml;base64,PHN2Z.....nPg=="
  },
  "6028b017-b1d4-4c02-b4b3-afcdafc96bb2": {
    "name": "Windows Hello",
    "icon_dark": "data:image/svg+xml;base64,PHN2Z.....nPg==",
    "icon_light": "data:image/svg+xml;base64,PHN2Z.....nPg=="
  },
  "dd4ec289-e01d-41c9-bb89-70fa845d4bf2": {
    "name": "iCloudキーチェーン (Managed)",
    "icon_dark": "data:image/svg+xml;base64,PHN2Z.....nPg==",
    "icon_light": "data:image/svg+xml;base64,PHN2Z.....nPg=="
  },
  …省略…
}
```

---

**注1**　将来的にFIDO MDS（8.6節参照）への移行が検討されています。

このように、AAGUIDのリポジトリを参照することによって、パスキーにパスキープロバイダの名前を設定できるようになります。

ただし、注意が必要なのは、同期パスキーでは通常、attestation statementが存在しないという点です。attestation statementが存在しないということは、AAGUIDが提供されない場合もありますし、AAGUIDが本当のパスキープロバイダであることを検証できないということもあります。そのため、悪意ある第三者がパスキープロバイダを偽装していても、それに気付くことは困難であるという問題があります[注2]。パスキー一覧・管理画面でのユーザー体験を向上するためにパスキープロバイダの名前を表示する分には特に問題ありませんが、それ以外の目的でこの情報を使う場合、このことは覚えておく必要があります。

## 8.2 パスキーが作成可能なことをパスキープロバイダやブラウザに知らせる

せっかくパスキーをサービスに組み込んでも、利用されなければ意味がありません。本書でもユーザーに積極的にパスキーを作ってもらうためのしくみをいくつか提案していますが、サービスがパスキーを作成できることをパスキープロバイダやブラウザに検知させる仕様が提案されています。

**A Well-Known URL for Passkey Endpoints**[注3]は、RPがエンドポイントを公開することでパスキーが利用できることを知らせ、パスキープロバイダやブラウザがユーザーにパスキーの登録を促したり、パスキーを管理するページに誘導できるようにする仕様案です。エンドポイントを公開するには、RP IDのドメインの/.well-known/passkey-endpointsにJSONファイルを置きます。JSONファイルは下記のようなものです。

```
{
  "enroll": "https://example.com/account/manage/passkeys/create",
  "manage": "https://example.com/account/manage/passkeys"
}
```

---

注2　詳しくは、8.6節の「認証器を判別するしくみ」を参照してください。
注3　https://w3c.github.io/webappsec-passkey-endpoints/

enrollにはパスキーを作成・登録するページのURLを、manageにはパスキーを管理するページのURLをそれぞれ割り当てます。このファイルを配置することで、対応するパスキープロバイダやブラウザがユーザーに対してパスキーの作成・登録を促したり、パスキーを管理するページに誘導してくれるようになります。

## AndroidのGoogleパスワードマネージャーの挙動

本書執筆時点で、AndroidのGoogleパスワードマネージャーがこの仕様案を使ったパスキーの作成・登録を促す機能に対応しています。パスワードが保存されているサービスの中でパスキーに対応したサービスが見つかると、Googleパスワードマネージャーのパスワードマネージャー画面（図8.1）、もしくはチェックアップ画面（図8.2）でパスキーの作成・登録が提案されます。

図8.1　パスワードマネージャー画面での誘導

図8.2　チェックアップ画面での誘導

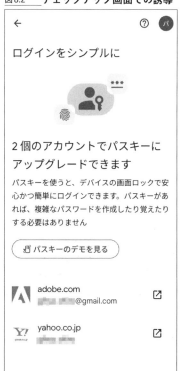

# 第8章 パスキーのより高度な使い方

図8.3 サービス選択後のパスキー作成・登録画面

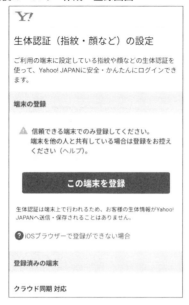

この提案をタップすると、対応サービスの一覧が表示され、サービスを選択すると、そのサービスのパスキー作成・登録画面に遷移します（**図8.3**）。

なお、Googleパスワードマネージャーでこの機能を利用するには、Well-Knownファイルをサーバに置くだけでなく、Googleの開発者サイト[注4]のリンクから申請を行う必要があります。申請が通ってはじめて、Googleパスワードマネージャーでパスキーの作成・登録が提案されるようになります。

またしくみ上、パスワードマネージャーにパスワードがもともと保存されていないパスワードレスなサービスでは、パスキーの作成・登録を促す機能は利用できませんのでご注意ください。

## 8.3 複数ドメインで同じRP IDのパスキーを利用可能にする

パスキーは基本的に、そのドメインと一致するRP IDを指定して作成する必要があります（6.1節の「Relying Party」を参照）。認証時は、パスキーのRP

---

注4 https://developers.google.com/identity/passkeys/developer-guides/upgrades

IDと実際にアクセスしているドメインが後方一致しないといけないという特徴は、パスキーのフィッシング耐性を司る重要なセキュリティ機構です。このドメインの一致範囲には、RP IDに指定した完全一致のドメインに加えてサブドメインも含まれており、柔軟性があります。

ただ、このしくみでは以下のようなケースはカバーできません。

- 複数の国別ドメインを持つサービス
- 複数の異なるドメインを持つ同一組織のサービス

1つ目は、example.com、example.co.uk、example.co.jpのようにグローバルに展開しているサービスでTLDやeTLD[注5]、国ごとのTLD(*Country Code Top Level Domain*、ccTLD)が異なるケースです。

2つ目は、example-shopping.comとexample-booking.comのように複数のブランドと複数のドメインがありeTLD+1が異なるケースです。たとえばapple.comに対するicloud.comや、google.comに対するyoutube.comなどもそれにあたります。

これらのケースにおいては、同一組織であってもドメインが異なるため、共通のアカウントでパスキーを利用することができません。

このような課題を解決する機能が**Related Origin Requests**(ROR)です。RORを使用することで異なるドメインでも同じRP IDのパスキーを利用することができるようになります。

RORを使用するためには、パスキーの利用を許可するドメインを記述した下記のようなJSONファイルを用意します。

```
{
  "origins": [
    "https://example.com",
    "https://example.co.uk",
    "https://example.co.jp",
    "https://example-shopping.com",
    "https://example-booking.com"
  ]
}
```

このJSONファイルを該当するRP IDのドメイン配下の/.well-known/webauthnに設置し、HTTPヘッダのContent-Typeでapplication/jsonを指定して配信します。RP IDを仮にexample.comとすると以下のようになります。

- https://example.com/.well-known/webauthn

---

注5 Effective Top Level Domain。6.1節を参照。

# 第8章 パスキーのより高度な使い方

こうすることで、RORに対応したブラウザであれば、RP IDに example.com を指定したパスキーの作成時（navigator.credentials.create()）や認証時（navigator.credentials.get()）に、https://example.com/.well-known/webauthn のJSONファイルを参照して、そこに含まれたドメインである場合のみ、パスキーの登録や認証が行われます。

RORに未対応のブラウザで、RP IDと異なるドメインのパスキーを登録したり認証したりしようとした場合、サポートしていないことを示す SecurityError が throw されます。また、ブラウザによって設定できるドメインの数が限定[注6]されているため、それを超えた数のドメインを上記JSONファイルに設定した場合にも SecurityError が throw される場合があります。

パスキーの登録や認証に際しては、サーバ側でも対応しているドメインかどうかを検証することを忘れないでください。

## ブラウザサポート状況とRelated Origin Requests利用判定方法

RORは、本書執筆時点で、以下のブラウザでサポートされています。

- ChromeなどのChromium系ブラウザ
- Safari 18以降

PublicKeyCredential.getClientCapabilities()（6.2節の「利用可能な機能をまとめて確認する」参照）で返却される relatedOrigins が true であることを確認することで、RORのブラウザサポート状況を判定できます。

```
if (window.PublicKeyCredential &&
    PublicKeyCredential.getClientCapabilities) {
  try {
    const capabilities = await PublicKeyCredential.getClientCapabilities();
    if (!capabilities.relatedOrigins) {
      return; // RORが利用できるブラウザではないため処理を終了
    }
    // パスキーの登録または認証の処理を継続
  } catch (error) {
    // getClientCapabilities()呼び出しエラー
  }
}
```

---

注6　詳細は「Related Origin Requests - passkeys.dev」（https://passkeys.dev/docs/advanced/related-origins/）を参照してください。

RORに対応していないブラウザでパスキーの登録および認証でRORを実装しても、RP IDと異なるドメインでの呼び出しの場合には、`SecurityError`がthrowされることに留意しておく必要があります。

## 類似する機能の補足

RORの類似のしくみが2つあります。

GoogleのDigital Asset Linksはもともとドメインを跨いでパスワードを共有できるしくみですが、7.2節で紹介したように、アプリケーションとWebサイトを跨いだパスキーの共有も可能にすることができます。ただ残念ながら、ドメインを跨いでパスキーを共有することはできません。

また、Privacy Sandbox[注7]の仕様案として提案されているRelated Website Sets[注8]も、異なるドメインであってもサードパーティCookieを送信できるようにするためのしくみですので、パスキーとは関係ありません。

## Related Origin Requests以外の実現方法

ここまでパスキーの複数ドメインでの利用を可能にするRORについて解説をしましたが、複数ドメインを跨いだ認証のための選択肢として、OpenID ConnectやSAMLといったプロトコルを使用したID連携が挙げられます。

ID連携は、認証機能を提供するサービス（*Identity Provider*、IdP）が、認証機能を必要とするサービス（*Relying Party*、RP）へユーザーの認証結果を連携するしくみです。ドメイン間をリダイレクトして遷移するという特質上、ドメインを跨いで認証情報を連携できるため、RORで取り扱った複数のドメインを持つサービスの課題を解決することができます。

IdPがパスキーに対応していれば（もちろんパスキー以外の認証手段も含めて）、その認証結果をID連携のプロトコルを使ってRPに連携することが可能です。

ID連携の詳細については割愛しますが、第1章のID連携でも概要とメリットとデメリットについて触れているのでご参照ください。

---

注7 Googleの提唱する、エコシステムを維持しながらプライバシーを高める仕様群です。
https://privacysandbox.com/
注8 https://developers.google.com/privacy-sandbox/cookies/related-website-sets

# 第8章 パスキーのより高度な使い方

## 8.4 パスキーの表示名変更や削除をパスキープロバイダに通知する

ユーザーがパスキーを作成すると、秘密鍵とユーザー名、表示名などのメタデータがパスキーとしてパスキープロバイダに保存され、サービスはそのパスキーの秘密鍵に対応する公開鍵をサーバに保存します。

ユーザーがログインする際は、ログインしたいユーザー名または表示名のパスキーをパスキープロバイダから選び、秘密鍵で署名を作成、それをサービスが保存している公開鍵で検証することによって認証が行われます。つまり、組み合わせとなる秘密鍵と公開鍵は、どちらが欠けてもいけません。

しかし、パスキープロバイダ側の変更とサービス側の変更は必ずしも連動しません。ここで2つの問題が発生する可能性があります。

一つは、ユーザーが意味もわからないままパスキープロバイダにあるパスキーを消してしまったり、サービス側に登録してある公開鍵を意図せず消してしまったりした場合です。特に、サービス側で公開鍵を消してしまうと、パスキーでログインしようとすることはできるのに、対応する公開鍵が存在しないためエラーが発生するという状態になり、ユーザー体験に混乱が生じてしまいかねません。

もう一つは、ユーザーがサービス上でユーザー名や表示名を変更してしまった場合です。パスキープロバイダ上のパスキーのユーザー名と表示名も合わせて変更しなければ、ユーザーが複数のアカウントを持っている場合、どのアカウントにログインしようとしているのかわからなくなってしまいます。

これらの問題を回避するために、ユーザーがサービス上から公開鍵を消した場合や、ユーザー名または表示名を変更した場合、サーバ上の公開鍵の状態と、パスキープロバイダ上のパスキーの情報を同期できれば便利です。それを行う手助けをしてくれるのが**Signal API**です。

本書執筆時点では、デスクトップ版ChromeとGoogleパスワードマネージャーが対応しています。

Signal APIは3つのシグナルをブラウザを経由してパスキープロバイダに送ることができます。

❶ `PublicKeyCredential.signalUnknownCredential()`
無効となったクレデンシャルを伝えるシグナル
❷ `PublicKeyCredential.signalAllAcceptedCredentials()`
有効なクレデンシャルリストを伝えるシグナル
❸ `PublicKeyCredential.signalCurrentUserDetails()`
現在のユーザー名と表示名を伝えるシグナル

## 見つからないパスキーを削除する

1つ目は公開鍵クレデンシャルが存在しないことを知らせる`PublicKeyCredential.signalUnknownCredential()`です。

```
PublicKeyCredential.signalUnknownCredential({
  rpId: 'example.com',
  credentialId: 'vI0qOggiE3OT01ZRWBYz5l4MEgU0c7PmAA' // b64-url cred ID
});
```

RP IDとクレデンシャルIDを送ることで、当該パスキーが、サービス上で削除済みだったり、何らかの理由で登録に失敗したりしているので使えないということをパスキープロバイダに知らせます。このシグナルを受け取ったパスキープロバイダが何をするかはパスキープロバイダに委ねられますが、一般的な期待としては、該当するパスキーを削除することです。

`PublicKeyCredential.signalUnknownCredential`は、ログインを試みたパスキーに対応するクレデンシャルがサーバに見つからない場合や、パスキー作成後にサーバでの登録に失敗した場合に、削除するために呼ばれることが想定されています。

## パスキーのリストを更新する

2つ目はサービスに保存されている公開鍵のリストが更新されていることを知らせる`PublicKeyCredential.signalAllAcceptedCredentials()`です。

```
PublicKeyCredential.signalAllAcceptedCredentials({
  rpId: 'example.com',
  userId: 'M2YPl-KGnA8',
  allAcceptedCredentialIds: [
    'vI0qOggiE3OT01ZRWBYz5l4MEgU0c7PmAA',
    …省略…
  ]
});
```

# 第8章 パスキーのより高度な使い方

RP IDとユーザーIDに加えて、有効なクレデンシャルIDのリストを送ることで、このリストに含まれないクレデンシャルIDに一致するパスキーが使えなくなっていることを知らせます。このシグナルを受け取ったパスキープロバイダが何をするかはパスキープロバイダに委ねられますが、一般的な期待としては、該当するパスキーを削除することです。ユーザーがサービス上でパスキーを削除した際にこのシグナルを送ることで、パスキープロバイダが保存しているパスキーのリストをアップデートすることが期待されます。

`PublicKeyCredential.signalAllAcceptedCredentials()`は、サーバ側でクレデンシャルが削除された場合や、ユーザーがログイン後すぐに呼ばれることが想定されています。

## パスキーのユーザー名と表示名を更新する

3つ目はユーザー名または表示名が変更されたことを知らせる`PublicKeyCredential.signalCurrentUserDetails()`です。

```
PublicKeyCredential.signalCurrentUserDetails({
  rpId: 'example.com',
  userId: 'M2YPl-KGnA8',
  name: 'a.new.email.address@example.com',
  displayName: 'J. Doe'
});
```

RP IDとユーザーIDに加え、ユーザー名と表示名を送ることで、最新のユーザー情報を知らせます。このシグナルを受け取ったパスキープロバイダが何をするかはパスキープロバイダに委ねられますが、一般的な期待としては、該当するすべてのパスキーのユーザー名と表示名を更新することです。

`PublicKeyCredential.signalCurrentUserDetails()`は、ユーザー名または表示名が更新されたときや、ユーザーがログイン後すぐに呼ばれることが想定されています。

## 8.5 より高いセキュリティのためのセキュリティキー

本節では、セキュリティキーが求められるユースケースと、セキュリティキーの利用を強制する方法について解説します。

## セキュリティキーが求められるユースケース

パスキーはフィッシング攻撃への耐性があり、パスワードに比べて格段に安全にユーザーを認証できるしくみですが、サービスの要件によっては、現状のパスキーでは安全性が十分に確保できないと考えられるケースがあります。たとえば、国家機密レベルのアクセス管理や、多額な金融資産を管理するような場合です。

どこまでのセキュリティを求めるかで、大まかに以下のような要求が考えられます。

- パスキーをクラウド同期などで複数の端末と共有されたくない（ユーザーの意思のあるなしにかかわらず、パスキーを複製されたくない）
- 端末に保存されたパスキーが端末からコピーされるのを防ぎたい（ユーザーの意思に関係なく、攻撃者による端末への物理的な攻撃を防ぎたい）

現状一般ユーザー向けのパスキープロバイダは、同期パスキーが前提のため、同期されないパスキーの利用を確実に求めるには、セキュリティキーに保存する以外の選択肢はないことになります。物理的なセキュリティキーは、秘密鍵をハードウェアで堅牢に保護することができ、さらに、その安全性について認定を受けている場合もあります。NIST SP 800-63B[注9]においても、認証の最高のセキュリティレベルであるAAL3においては、暗号ハードウェアデバイスの利用が必須とされています。

しかしながら、万が一紛失したときにまったくログインできなくなる事態を考えると、セキュリティキーの強制は、セキュリティを何よりも優先する場合の方法とすべきです。なぜなら、セキュリティキーを持たない一般のユーザーにセキュリティキーを強制し、普段利用しているパスキープロバイダを利用させないということは、逆にパスワードのようなセキュリティレベルのもっと低い認証手段を選ばざるを得ないという不利益が生じるためです。米国政府のアイデンティティガイドラインである、NIST SP 800-63B supplement[注10]においても、Attestationを用いてユーザーが利用できるパスキーを限定することは、一般向けサービスでは推奨されないとしています。

では、そこまでのセキュリティは求めないが、一般ユーザーにおいても、

---

注9 https://pages.nist.gov/800-63-4/sp800-63b.html
注10 https://nvlpubs.nist.gov/nistpubs/SpecialPublications/NIST.SP.800-63Bsup1.pdf

# 第8章 パスキーのより高度な使い方

金融サービスなど向けに、現状のパスキー以上の安全性を確保したい場合はどうすればいいでしょうか。本書執筆時点でも、この要求に対しての解はまだなく、パスキーの技術仕様を標準化している団体の中で、実現方法の検討が続いています。

## セキュリティキーによる認証を強制するには

ユーザーにセキュリティキーの利用を優先的に求めるには、パスキー作成リクエストのパラメータで、authenticatorSelectionauthenticatorAttachmentに 'cross-platform' を設定し、hintsに ['security-key'] を設定します（詳細は6.3節を参照）。ただし強制力はないので、送信されたパスキー作成レスポンスを検証して、実際にセキュリティキーが使われたかを確認する必要があります。

パスキー作成レスポンスの中には、パスキーの同期状態を示す、BE（*Backup Eligibility*）フラグがあります。BEフラグを見ることで、同期パスキーか、同期されないパスキー（セキュリティキーやデバイス固定パスキー）かを判定できます。ですが、このフラグはAttestation（詳細は8.6節で解説します）を検証しない限り、認証器の自己申告のフラグでしかありません。よって、Attestationの検証も行ってください。

上記の検証を実施したうえで、利用されている認証器がサービスのセキュリティポリシーに見合わない場合、「このパスキーはセキュリティポリシーに見合わないので使えません」と表示し、パスキーの登録を中止します。加えて、8.4節で説明したSignal APIを利用してパスキープロバイダから当該パスキーの削除を試みたり、ヘルプページなどで使えるセキュリティキーのモデルを案内するとよいでしょう。

## 8.6 認証器の信頼性を証明するためのAttestation

本節では、認証器の信頼性を証明するために利用する**Attestation**の詳細について解説します。

## 認証器を判別するしくみ

Attestationは、認証器の真正性を証明するための製造元による署名情報です。Attestationにより特定の製造元によって製造された特定のモデルの認証器であることを保証します。

認証器の内部データが改竄されないことが前提となるため、鍵の生成や格納はハードウェアベースのセキュリティモジュールを使用しソフトウェア上の脆弱性から保護されている必要があります。

これはセキュリティキーのハードウェアを利用した特性によるものであるため、クラウド上で秘密鍵が同期され、複数のデバイスで共有される前提である同期パスキーでは利用できません[注11]。

Attestationは初回のパスキー作成時に、認証器上のAttestationキーによってAttestationオブジェクトとして生成されます。認証器ベンダは、認定テストに合格した認証器情報をFIDOアライアンスの提供するMetadata Service（MDS）に事前にメタデータとして登録します。サーバがそのAttestationオブジェクトとMDSのメタデータを使って検証することで認証器の信頼性を確認します（図8.4）。

このようにAttestationを検証することで信頼できる認証器を判定することが可能になりますが、Attestationの利用は必須ではありません。MDSに登録されているすべての認証器を受け入れることや、特定のメーカーや端末の認証器に絞り込むこともできます。また、MDSには非認定の認証器情報も登録

---

注11　エンタープライズ向けのパスキープロバイダにおいて、企業が管理するデバイスのみでパスキーが同期されることを前提に、Attestationを提供する場合があります。

図8.4　AttestationとMetadata Serviceによる認証器の保証

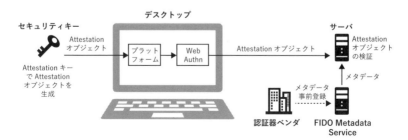

# 第8章 パスキーのより高度な使い方

可能であるため、サーバで非認定のステータスを確認することもできます。会社で配布した特定の認証器からの登録に制限する場合や、認定された認証器か判定しつつもより多くのエンドユーザーにWebサイトを利用してもらう前提ですべての認証器からの登録を許容するなど、セキュリティ要件に応じてAttestationの利活用を検討するとよいでしょう。

## Attestationの種類

navigator.credentials.create()のパラメータであるAttestationConveyancePreferenceとして以下の4つが定義されています。

- none
  - ユーザーが利用している認証器を秘匿しプライバシーの保護を優先する場合や、同期パスキーを含むすべてのパスキーの登録を受け入れるため、Attestationを用いない場合に指定する
  - 指定されない場合のデフォルト値
- direct
  - クライアントが仲介せずに直接サーバでAttestationを受け取る場合に指定する
  - 同期パスキーの場合には利用できない場合がある
  - AAGUIDは取得可
- indirect
  - クライアントが仲介することを許可する場合に指定する
  - ユーザーのプライバシー保護のために、クライアントは認証器が生成したAttestationを匿名の値に置き換えることができる
- enterprise
  - 会社で許可された認証器のみの登録とする場合に指定する

## Attestationの要求と検証方法

Attestationは、パスキーの登録時に要求します。navigator.credentials.create()のオプションであるattestationに'direct'を指定してnavigator.credentials.create()を呼び出し、PublicKeyCredentialを作成します。

```
const publicKeyCredentialCreationOptions = {
  …省略…
  attestation: 'direct',
  …省略…
};
```

```
const credential =
  await navigator.credentials.create({
    publicKey: publicKeyCredentialCreationOptions
  });
```

認証器を判別するための情報は、パスキー作成レスポンスの`Authenticator AttestationResponse`のattestationObject内部に格納されます。

```
PublicKeyCredential {
  id: USVString,
  rawId: ArrayBuffer,
  response: AuthenticatorAttestationResponse {
    clientDataJSON: ArrayBuffer,
    attestationObject: ArrayBuffer
  },
  authenticatorAttachment: DOMString,
  type: DOMString
}
```

attestationObjectは多重のエンコードと階層構造になっています（**図8.5**）。

証明書と署名のデータはattStmt（*Attestation Statement*）に、Attestation Statementのフォーマットの識別子（*Attestation Statement Format Identifier*）はfmtに格納されています。

Attestationの検証には、まずfmtの値がRPのポリシーとして許可する値であるかどうかを判定します。続いてAuthenticator Data内のAAGUIDからRPのポリシーとして許可している認証器であることを確認した後、必要に応じてMDSから証明書情報を取得します[注12]。その後、Attestation Statement内の証明書と証明書チェーンが信頼できるものであることを確認し、署名を検証します。検証が成功した場合には、パスキーの登録処理を続行してください。

attestationObjectのデコード、パース、データの抽出、検証は処理が煩雑なため、繰り返しになりますがライブラリを利用することをお勧めします。attestationObjectのフォーマットの詳細については次の項をご参照ください。

---

注12　MDSの情報は頻繁に更新されないため、毎回アクセスする必要はありません。FIDOアライアンスは、取得した情報を1ヵ月間キャッシュすることを推奨しています。

# 第8章 パスキーのより高度な使い方

図8.5　attestationObjectの構造（概念図）

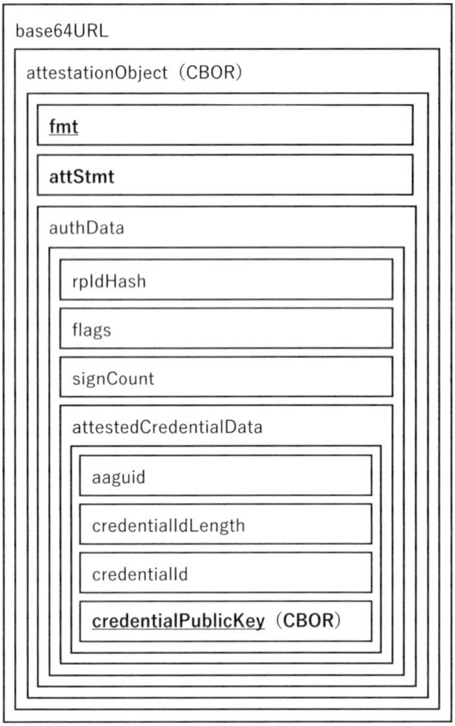

```
base64URL
  attestationObject（CBOR）
    fmt
    attStmt
    authData
      rpIdHash
      flags
      signCount
      attestedCredentialData
        aaguid
        credentialIdLength
        credentialId
        credentialPublicKey（CBOR）
```

## Attestation Objectを構成するパラメーター覧

　Attestation Objectは、ユーザー存在テストの結果を表すUP（*User Present*）フラグやローカルユーザー検証の結果を表すUV（*User Verified*）フラグ、そしてパスキーの同期状態を示すBE（*Backup Eligibility*）フラグやBS（*Backup State*）フラグのほかにも検証方法や署名データなどが格納されています。ここではAttestation Objectを構成する各パラメータについて解説します。

　パスキーの登録時にはRPのサーバで検証を行い、適宜パラメータを取り出してデータベースに保存します。その処理の大半は各開発言語で公開されているオープンソースのライブラリで行うため、内部構造を知らずとも実装は可能ですが、より深い理解を得るためにAttestation Objectの構造と内部に格納されているパラメータについて紹介します。設計や開発時にパラメータがどこに格納されているのか気になった際に、ぜひこの項をご参照ください。

　まずはじめにデータフォーマットについて解説します。Attestation Object

のエンコードには、インターネット技術の標準化を推進している団体であるInternet Engineering Task Force（IETF）[注13]で標準化された仕様のConcise Binary Object Representation（CBOR）[注14]が用いられています。CBORは「シーボア」や「シーボル」などと発音されています。このフォーマットは、JSONのようなテキストベースのフォーマットよりも少ないバイト数で表現できるコンパクトなバイナリフォーマットです。CBORは主要な開発言語でライブラリ[注15]が提供されています。

Attestation Object[注16]のデータフォーマットは**図8.6**に示したとおりになっています。各データの詳細を見ていきましょう。

Attestation ObjectをCBORでデコードすると以下の3つのデータが格納さ

---

[注13] https://www.ietf.org/
[注14] https://datatracker.ietf.org/doc/rfc8949/
[注15] https://cbor.io/
[注16] https://www.w3.org/TR/webauthn-3/#fig-attStructs

図8.6　**Attestation Objectの構造（データフォーマット）**

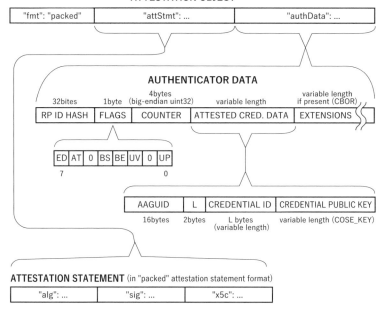

※出典：Web Authentication: An API for accessing Public Key Credentials Level 3, W3C Working Draft, 27 September 2023, Figure 6より作図

# 第8章 パスキーのより高度な使い方

れています。

- **fmt（Attestation Statement Format）**
  - Attestation Statementのフォーマットを示す識別子
- **attStmt（Attestation Statement）**
  - 証明書と署名のデータ
  - fmtがnoneの場合には付与されない
- **authData（Authenticator Data）**
  - RP IDやフラグなどを含む認証器の情報

fmtには検証方法のタイプが格納されており、以下の識別子が定義されています。

- **packed**
  - 最適化されたフォーマット
  - 必要なデータが小さいため、制限されたストレージへの保存に向いている
- **tpm**
  - Trusted Platform Module（TPM）を使用した認証で使用されるフォーマット
- **android-key**
  - Android OSを使用した認証器で使用されるフォーマット
- **android-safetynet**
  - Android OSのブラウザでディスカバラブルでないFIDO2クレデンシャルを作成する際に使用されるフォーマット
  - 2025年4月以降廃止され、android-key形式に移行することが公表されている
- **fido-u2f**
  - FIDO U2F（*Universal Second Factor*）の認証で使用されるフォーマット
- **none**
  - 特定の認証方式が使用されていないか、または不明なことを示す
- **apple**
  - Appleデバイス固有の認証方式で使用されていたフォーマット
  - iOS 14、15で利用されていた形式で、iOS 16以降では同期パスキーに移行したため、利用されていない

attStmtにはfmtの識別子に合わせた検証に必要な値が格納されています。フォーマットによって、データの構造は異なります。

authDataの中に認証器の情報が格納されています。複数のデータがバイナリで格納されているため、各データで確保されているバイト長で区切って読み取ります。

- **rpIdHash**
    - 32バイト
    - RP IDのSHA-256ハッシュ値
- **flags**
    - 1バイト
    - UP、UV、BE、BSなどのフラグ
- **signCount**
    - 4バイト
    - 当該パスキーを利用した回数。前回利用時と比較して増加しているかを確認することで、不正に複製されたパスキーが利用された場合に検知することができる。同期パスキーなどではゼロのまま変化しない。
- **attestedCredentialData**
    - 可変

attestedCredentialDataも複数のデータがバイナリで格納されています。

- **aaguid**
    - 16バイト
    - AAGUID
- **credentialIdLength**
    - 2バイト
    - 直後に格納するクレデンシャルIDの長さ（最大値1023）
- **credentialId**
    - 可変（credentialIdLengthで定義）
    - クレデンシャルID
- **credentialPublicKey**
    - 可変（RFC 9052、RFC 9053のCOSE形式で格納）
    - 当該パスキーの秘密鍵に対応する公開鍵

## 8.7 ユーザーがパスキーにアクセスできなくなったらどうする？

本書ではここまでパスキーについて、その利点、特徴、使い方など、さまざまな角度から書いてきました。しかし認証システム全体としてみたときに、当然パスキーのことだけを考えていてよいはずはありません。仮にあなたのサービスがパスキーを無事導入できたとして、もともとあったログイン手段、たとえばパスワード認証機能はなくすべきでしょうか？ 二要素認証だったら

# 第8章 パスキーのより高度な使い方

大丈夫でしょうか？ パスキーがあればID連携は不要でしょうか？ すべての認証機能が使えなくなったユーザーはどうすればよいのでしょうか？

実はこれらは、パスキーを導入するより先にきちんと考えておくべきことです。表玄関の鍵をパスキーに取り替えることで強力になったとしても、勝手口となる他の認証方法が弱ければ、そこから泥棒に入られてしまうリスクを放置することになってしまいます。すべての入口について、しっかり検証を行っておく必要があります。

## パスキーだけではダメなのか

パスキーは、たとえユーザーがデバイスを紛失してしまったとしても、新しいデバイスでパスキープロバイダのアカウントにログインしてPINを入力すれば復旧できるなど、問題なく利用できるよう設計されています。

また、仮にある環境で普段利用しているパスキープロバイダにアクセスできなくなったとしても、クロスデバイス認証（3.5節参照）を使って他のデバイスのパスキーを使うこともできますし、あらかじめ複数のパスキープロバイダでパスキーを作ることを促しておくことで、問題を回避することもできます。

とはいえ、ユーザーが必ずサービス側の期待どおりに行動してくれるとは限りませんし、パスキーにアクセスできなくなった場合の対策は検討しておく必要があります。たとえば次のような場合が考えられます。

- **古い環境での利用に制限がある**
  たとえばWindows 10未満のPCでは、OS標準のパスキーを利用することができません。また、Windows 10以降であっても、デバイスにTPMがなければGoogleパスワードマネージャーでもパスキーは同期できず、デバイス固定になってしまいます

- **パスキープロバイダはどこでも利用できるわけではない**
  たとえばAppleのプラットフォームで作ったパスキーはデフォルトでiCloudキーチェーンに保存されますが、WindowsやAndroidでは、iCloudキーチェーン自体にアクセスできないため、パスキーは同期できず、使うことができない状態になってしまいます

このような状況は1年や2年で解消される保証はなく、古い環境を使い続けるユーザーがいることも考えると、パスキーの使えない環境からアクセスする可能性のあるユーザーは、当面いなくならないと想定すべきです。パスキー以外の認証方法も、しばらくは使えるようにしておきましょう。

## パスキー以外の認証方法

それでは、パスキー以外の認証方法はどうあるべきでしょうか？

まずは、既存の認証方法のセキュリティを最大限高める努力をしましょう。そのためには、これまでの一般的なベストプラクティスを軽視すべきではありません。以下にいくつかの例をあげます。

- Cookieの設定やクロスサイトスクリプティング（XSS）など、Webセキュリティの基本をしっかり振り返り、対策を行う
- IPアドレスなどのシグナルから推測できる、リスクの高いログインを検知する
- ログインのアクティビティをユーザーにメールで通知するなどして、不審なアクセスに気付けるようにする
- ユーザーがアクティブなセッションを一覧できるようにしたうえで、リモートからセッションを停止できるようにする

そのうえで、既存の認証方法についても可能な限りユーザーの負担を軽くしつつ、セキュリティを向上する努力を行いましょう。

たとえば、パスワードだけの認証方法は廃止して、二要素認証に変更することを検討しましょう。SMSを扱うのであれば、ユーザーが誤ってフィッシングサイトにOTPを入力してしまわないよう、WebOTPやフォームオートフィルを活用[注17]します。

## ID連携

特にお勧めなのはID連携です。パスキーとID連携はうまく棲み分けることができます。パスキーはユーザーが認証することに特化したAPIですが、ID連携は認証に加えて、ユーザーの名前やメールアドレスなどの属性情報を取得することもできるため、ユーザーの身元確認の役割も果たします。特に、IdPによっては検証済みのメールアドレスを教えてくれるため、あらためてメールアドレスを検証しなくても良い点は特筆に値します。

ID連携を活用する一つのアプローチとして、アカウント登録はID連携で行い、登録後すぐにパスキーを作ってもらい、その後のログインはパスキーで行う、というフローがGoogle I/Oで紹介されています[注18]。こうすることで、ID連携はパスキー以外の認証方法の一つとして利用することができます。

---

注17 https://web.dev/articles/sms-otp-form
注18 https://www.youtube.com/watch?v=fgTOeLShcrY

# 第8章 パスキーのより高度な使い方

　ID連携には、ユーザー数が多く、セキュリティにもそれなりの投資をしているIdPを選ぶとよいでしょう。ただし、パスキーをGoogleパスワードマネージャーに作っているユーザーが、GoogleアカウントでID連携をしてしまうと、Googleアカウントにログインできなくなったユーザーが、パスキーだけでなくID連携もできず、アカウントを復旧する方法がなくなってしまいます。iCloudキーチェーンに対するAppleアカウントでも同様のことが言えます。パスキーを保存するパスキープロバイダと、ID連携の組み合わせが被らないように、いくつか選択肢があると良いかもしれません。

### その他

　サービスによって必要とされる認証強度は異なるため、一つの答えが存在するわけではありません。たとえば銀行のサービスに要求されるセキュリティと、SNSに要求されるセキュリティレベルは異なります。NIST SP 800 63B（コラム参照）で解説されているAAL（*Authentication Assurance Level*）では、各種認証方法の強度をレベルに分けて説明していますので、それを参考にするのも一つのやり方です[注19]。

- **ログイン時の認証手段に応じてサービスレベルを分ける**
  たとえば銀行アプリでは、アプリログイン時の認証に加えて、振込実行時に別のパスワードや認証番号表を使った追加の認証が求められる場合があります。同様に、たとえば情報閲覧はパスキーでログインして、物品購入などの場合のみ追加でパスワードでのログインを要求するなど、ログイン時の認証手段に応じてセキュリティレベルを分けることで、なるべくユーザビリティを担保することができます

- **一時的にパスワードによるログインの有効化をできるようにする**
  パスワードでログインが必要な場合には、ログイン済みアカウントの設定画面から、一時的に（15分程度）パスワードでログインできるようにする、というアプローチもあります

## アカウントリカバリの方法

　パスキーも、その他の認証方法もできなくなり、完全にログインする方法を失ったユーザーが、どうすればアカウントを復旧できるかについてもしっかり考えておかなければなりません。考えられるアプローチはいくつかあり

---

注19　サービスの特性に応じた認証手段の選定に関しては、OpenIDファウンデーション・ジャパンが公開している「民間事業者向けデジタル本人確認ガイドライン」(https://www.openid.or.jp/news/kyc_guideline_v1.0.pdf)も参考にしてください。

ます。

### リカバリメール

あらかじめユーザーが登録しておいたメールアドレス宛に、リカバリ用のリンクを含んだメールを送るというアプローチです。リンクには有効期限を設け、ユーザーはメールが届きしだいすぐにそれをクリックすることで、新しいパスキーを登録できるようにします。

このアプローチは、1.3節で解説したマジックリンクとほぼ同じものです。二要素認証ではないことに加え、メールアカウントのセキュリティに依存するため、メールプロバイダを限定してサポートするなどの対策が必要かもしれません。ただその場合、おそらく多くのメールプロバイダはIdPでもあるため、ID連携をするほうが現実的かもしれません。

### リカバリコード

GitHubやDiscord、Googleなどのサービスで実際に採られているアプローチとしてリカバリコードやバックアップコードと呼ばれるものがあります。これはサービス側で決められたランダムな文字列、もしくはフレーズ群をあらかじめメモしておいてもらい、いざというときにそれを入力することでアカウントリカバリする、というものです。TOTPなど、紛失するとどうしようもなくなるタイプの二要素認証の登録時にリカバリコードを提供するケースが多いですが、パスキーを導入する際も、最初のパスキーを作るときに提供すると良いかもしれません。

### カスタマーサポートでの身元確認

カスタマーサポートを介した身元確認では、あらかじめ本人確認のための手段を定めておき、ユーザーの問い合わせに応じてサポート担当者がアクションを取ることでアカウントを復旧する、というものです。最もコストのかかるアプローチですが、最終手段として想定しておくに越したことはありません。

カスタマーサポートの窓口を使った身元確認にはいくつかのアプローチが考えられます。

- あらかじめ共有されている本人しか知り得ない情報を知っているかを確認する
- 銀行など店舗がある場合は、店頭で身分証明書による身元確認を行う

# 第8章 パスキーのより高度な使い方

- 住所を登録するタイプのサービスであれば、郵送でリカバリコードを送り、オンラインで入力してもらう

### デジタルアイデンティティ

最近開発されている新しいブラウザAPIにDigital Credentials APIと呼ばれるものがあります。Digital Credentials APIは、あらかじめWalletアプリにプロビジョンしておいた政府の発行する免許証や身分証明書をVerifiable Credentials（検証可能なクレデンシャル）やmDoc（ISO/IEC 18013-5で規定された、モバイル運転免許証などで利用されるデータ形式）[20] として取得することで、サービス側が身元確認を行うことができる、というものです。ブラウザだけでなく、iOSのネイティブアプリではVerify with Wallet API[21]、AndroidのネイティブアプリではDigital Credentials API[22] を利用することができます。

本書執筆時点ではまだ正式に使えるAPIではないため、今後どのように発展していくかは未知数ですが、可能性の一つとして注目しておくとよいでしょう。

## 認証方法やアカウントリカバリに正解はない

パスキー以外の認証方法と、それらがすべて利用できなくなった場合のアプローチをいくつか紹介しましたが、正直なところどんなケースにも当てはまる正解は存在しません。たとえば、アカウントリカバリ導線のセキュリティレベルが、アカウント全体のセキュリティレベルになることにも留意が必要です[23]。自社の既存システム構成やアカウントを盗まれた場合に想定される損失、法的リスクなどを考慮して、できるだけ合理的な判断ができるよう努めましょう。

---

注20 2025年に予定されているマイナンバーカード機能のスマホ搭載でもmDoc形式の利用が予定されています。

注21 https://developer.apple.com/wallet/get-started-with-verify-with-wallet/

注22 https://developer.android.com/identity/verify

注23 以前はリカバリとして「秘密の質問と答え」を登録させるサービスもありましたが、安易な答えや推測のできる答えを登録するユーザーもおり、大きな穴となり得ます。著しくセキュリティレベルが低下するため「秘密の質問と答え」は提供しないようにしましょう。

## 8.8 まとめ

　本章では、パスキーの高度な使用方法や課題への解決策を学びました。パスキープロバイダの特定、複数ドメインでの利用、セキュリティキーとAttestation、そしてアカウントリカバリの方法など、パスキーを実際のサービスに導入する際に直面するさまざまな課題に対する解決策を提示しました。これらの知識を活用することで、より安全で使いやすい認証を導入し、ユーザーを保護しつつログイン体験を向上させることができるでしょう。

# 第 9 章

# パスキー周辺の
# エコシステム

標準化の流れや開発者向け情報を確認しよう

# 第9章 パスキー周辺のエコシステム

本章では、パスキーによる認証のしくみを支える標準化の流れや仕様策定の経緯、さらには開発者向けのリソースやツールについて詳しく解説します。W3CやFIDOアライアンスといった標準化団体の役割、WebAuthnやCTAPといった重要な仕様の概要、そして実装をサポートする認定プログラムや開発ツールまで、パスキーを取り巻くエコシステムの全体像を把握しましょう。

## 9.1 パスキーの仕様を読み解くための手引き

パスキーがあらゆるプラットフォーム、あらゆるWebサイトで共通に動作するのは、標準仕様が存在し、(おおよそ) そのとおりに実装されているからです。本節では、パスキーに関する標準仕様が誰によって、どのように作成されているのかを説明します。

パスキーは、技術的にはFIDO2という仕様によって成り立っています。FIDO2は、WebAuthnとCTAP2という2つの仕様を組み合わせた総称です(**図9.1**)。

WebAuthn仕様は、Webに関する標準化を行う団体である、W3C (*World Wide Web Consortium*) で策定されています。

CTAP2仕様は「シータップツー」と読みます。CTAPはClient to Authenticator Protocolの略で、クライアント (ブラウザなど) と認証器との間の通信プロトコルです。インターネット上の認証におけるパスワードからの脱却を目指す業界団体・標準化団体である、FIDOアライアンスで策定されています。

図9.1のとおり、パスキーの仕様策定は、2つの異なる団体で策定されていますが、実際に仕様を書いている人たちのほとんどは、両方の団体にかけ持ちで参加しており、円滑に連携して仕様策定を進めています。

図9.1　**FIDO2仕様の大まかな概念**

## W3C（World Wide Web Consortium）

　W3Cは、Webの父とも呼ばれるSir Tim Berners-Leeによって、Webに関する標準化のため、1994年にマサチューセッツ工科大学（MIT）内で設立されました。その後、フランス国立情報学自動制御研究所（INRIA）、慶應義塾大学、さらには北京航空航天大学が共同ホストとなり、2023年に非営利法人として独立しました。多くの大学や企業がメンバーとして参加しており、メンバーの出資金により運営されています。2024年11月時点で、全世界で356、日本からは34の大学や企業などが参加しています。45の作業部会（ワーキンググループ）があり、309もの正式標準文書が作成され、公開されています。

　パスキーに不可欠であるWebAuthn仕様を策定しているWeb Authenticationワーキンググループは、2016年に設立され、その後2019年3月にLevel 1、2021年4月にLevel 2が正式に標準になっています。

　W3Cでの仕様策定に関与するには、W3Cに加盟する必要があります。日本の企業が参加するには、企業の規模や参加年数によって、21万5,000円から740万円と異なる会費を支払う必要があります。ただし、ワーキンググループの議事録やメーリングリストは誰でも閲覧することができる場合が多いです。また、仕様案についてもGitHubに公開されており、誰でもIssueを送信することで仕様に関する課題提起が可能です。

- 参考
    - https://www.w3.org/about/history/ など

## WebAuthn仕様の策定経緯

　W3Cでは多岐にわたるWeb技術の標準化が行われています。標準化技術が策定されるまでの流れを見ていきましょう。

　技術仕様はHTML、CSS、Federated IdentityなどW3Cの中で領域ごとに分けられたワーキンググループ[注1]の中で策定されます。

　仕様によっては例外もありますが、大きな流れとしては以下のステップを経て技術仕様が作成されています。

---

注1　https://www.w3.org/groups/wg/

# 第9章 パスキー周辺のエコシステム

❶ 作業草案(Working Draft)
仕様策定を行うワーキンググループが公開する作業草案と呼ばれるものです。初期案の公開はFirst Public Working Draftと明示されます。たいていの作業草案は、一度のレビューで終わることはなく、安定した仕様となるまで時間をかけて何度も版を積み重ねていきます

❷ 最終草案(Last Call Working Draft)
仕様がおおむね固まり実装の準備が整ってくると最終草案として幅広くレビューを募り修正が行われます。ワーキンググループや仕様にもよりますが、最近では最終草案が省かれるケースもあるようです

❸ 勧告候補(Candidate Recommendation)
最終草案の修正を終えると勧告候補となり、W3Cメンバーのレビューを受け、過半数の支持を得た場合に承認となり公開されます

❹ 勧告案(Proposed Recommendation)
勧告候補に対して諮問委員会(Advisory Committee)によるレビューが行われ、問題がなければ勧告案として承認されます

❺ W3C勧告(Recommendation)
勧告案はW3Cメンバーの3分の2以上の支持を得た場合に、W3C勧告として承認されます。これでようやくWeb標準規格として広く公開され実装されるようになります

W3C勧告となった後も、技術の進歩や新たな要件に対応するために、必要に応じて修正、変更、または廃止されることもあります。

WebAuthnはWeb Authenticationワーキンググループ[注2]で策定されているブラウザ上で資格情報を管理するためのCredential Managementの仕様の中で生まれました(図9.2)。2015年4月にCredential Management Level 1[注3]のFirst Public Working Draftが公開されています。

この仕様の中にはいくつかのクレデンシャルタイプが存在しており、その中の一つにWebAuthn APIの利用時に必要なクレデンシャルについてまとめられているPublicKeyCredentialというタイプが定義されています。パスキーによる認証は公開鍵暗号を用いているため、クレデンシャルタイプにも「PublicKey」という単語が明示されています。

その後、2016年5月にCredential Management API全体の仕様との依存関係を疎結合にするためにWebAuthnの仕様は独立して定義されました。Level 1、Level 2と段階を経て、Web Authentication: An API for accessing Public Key

---

注2 https://www.w3.org/groups/wg/webauthn/
注3 https://www.w3.org/standards/history/credential-management-1/

Credentials - Level 3[注4]としてWorking Draftが公開され、2024年の現在も仕様が策定、更新され続けています。

この仕様では、ブラウザでのパスキーの登録や認証に必要なインタフェースが定義されています。

## Credential Managementのクレデンシャルタイプ

Web Authenticationワーキンググループで策定されているCredential Managementでは、ブラウザ上で資格情報を管理するためのクレデンシャルタイプが定義されています。この仕様では、さまざまなタイプのクレデンシャルを作ったり、保存したり、取り出したりする想定でデザインされています。

Credential Management APIで取り扱うクレデンシャルには、5つのタイプが存在します（**図9.3**）。WebAuthnが定義されているPublicKeyCredentialというク

---

注4 https://www.w3.org/standards/history/webauthn-3/

図9.2　**WebAuthnに関連する仕様の公開履歴**

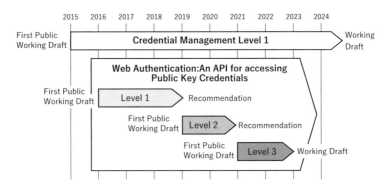

図9.3　**Credential Managementに定義されているクレデンシャルタイプ**

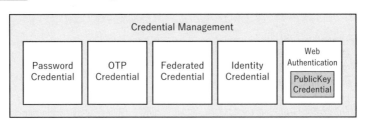

# 第9章 パスキー周辺のエコシステム

レデンシャルタイプに加えて、パスワードを保存・取得するためのPasswordCredential、OTP（*One-Time Password*）を取得するためのOTPCredential、連携済み外部Identity Providerを記憶するためのFederatedCredential、外部Identity Providerと連携するためのIdentityCredentialが定義されています。

なお、パスキーの登録・認証時に利用するPublicKeyCredentialを除き、これらのクレデンシャルタイプは基本的にGoogle Chromeを含むChromium系ブラウザのみで実装されています。

### PasswordCredential —— パスワードを保存・取得するためのクレデンシャルタイプ

PasswordCredentialはユーザー名とパスワードの組み合わせを含んだアカウントのクレデンシャルです。Credential Management API[注5]を使って、パスワードマネージャーにユーザー名とパスワードを保存したり、取得したりすることができます。

### OTPCredential —— OTPを取得するためのクレデンシャルタイプ

OTPCredentialはOTP（ワンタイムパスワード）による認証で利用されるクレデンシャルで、WebOTP仕様[注6]で定義されています。現在のところSMSメッセージを介したOTPの伝達についてのみ考慮されていますが、メールOTPやTime-based OTPにも対応可能なようにデザインされています。SMSメッセージ本文でOTPと送り先ドメインを指定する仕様[注7]に従うことで、ユーザーの同意のもと、ブラウザからSMSで送られてきたOTPを自動的に取得することができます。

ユーザーに手動でOTPをコピー&ペーストさせる必要がないためUXも向上しますし、フィッシングサイトに誤ってOTPを入力してしまうリスクも低減できます[注8]。

Safariには、Credential Management APIを呼び出すことなく、同じメッセージフォーマットのSMSから自動的にOTPを呼び出す類似の機能[注9]があります。

---

注5　https://web.dev/articles/security-credential-management
注6　https://wicg.github.io/web-otp/
注7　https://wicg.github.io/sms-one-time-codes/
注8　https://developer.chrome.com/docs/identity/web-apis/web-otp
注9　https://developer.apple.com/documentation/security/enabling-autofill-for-domain-bound-sms-codes

▌ **FederatedCredential** —— 連携済み外部Identity Providerを記憶するためのクレデンシャルタイプ

　FederatedCredential は ID 連携に利用した外部 Identity Provider を示すクレデンシャルです。ユーザーが利用した外部 IdP をブラウザに記憶させる[注10]ことができます。

▌ **IdentityCredential** —— 外部Identity Providerと連携するためのクレデンシャルタイプ

　IdentityCredential は Federated Credential Management API（FedCM）で利用されるクレデンシャルです。FederatedCredential ではサイト側が ID 連携のロジックを実装する必要がありましたが、FedCM ではブラウザが直接 IdP から認証に用いるトークン類を取得します[注11]。

　Firefox はプロトタイプの段階であり、Safari や Brave といった他ブラウザの開発者からも好意的な反応があるため、多くのブラウザで実装されることが期待されています。

▌ **PublicKeyCredential** —— 公開鍵クレデンシャルタイプ

　PublicKeyCredential はパスキーによる認証（WebAuthn）を実装するために欠かせないクレデンシャルです。PublicKeyCredential は、その名が表すとおり公開鍵暗号方式を用います。

▌ **navigator.credentials** —— 各種クレデンシャルを扱うAPI

　パスキーを登録したり認証したりする際にも Credential Management API を使ってこの PublicKeyCredential タイプのクレデンシャルを扱うことになります。Credential Management API には `navigator.credentials` というオブジェクトのもとに次の4つの関数が定義されています。

- `navigator.credentials.create()`
- `navigator.credentials.get()`
- `navigator.credentials.store()`
- `navigator.credentials.preventSilentAccess()`

　パスキーの登録では `navigator.credentials.create()`、認証では `navigator.credentials.get()` を使ってパスキーの体験を実装することになります。

---

注10　https://web.dev/articles/security-credential-management-retrieve-credentials#federated_login
注11　http://goo.gle/fedcm

# 第9章 パスキー周辺のエコシステム

## FIDOアライアンス

　FIDOアライアンスは、認証におけるパスワードへの依存を削減することを目的に、2012年に設立された業界団体です。Apple、Google、Microsoftなどのプラットフォーマや、Nok Nok Labs、YubicoなどのFIDO製品ベンダ、Cisco、Dell、Intel、Qualcomm、SamsungなどのITベンダ、American Express、Visaなどのサービス事業者をはじめ、世界で300以上の企業や団体が参加しています。

　FIDO（ファイド）は、Fast IDentity Onlineの略で、パスキーという言葉が生まれる前は、FIDOアライアンスの策定した仕様に基づく認証方式はFIDO認証と呼ばれていました。

　また、FIDOアライアンスは、その設立目的から、仕様策定だけでなく、パスキーに関する周知啓蒙活動も積極的に実施しています。特に日本においては、FIDO Japanワーキンググループの活動が活発で、NTTドコモ、メルカリ、LINEヤフーをはじめ国内外から60社以上が参加し、パスキーの普及に向けた活動をしています。また、例年12月に東京でセミナーが開催され、技術的なセッションや、国内外でのパスキーの普及に関する情報を収集することができます。

　FIDOアライアンスは、2014年にUAF仕様とU2F仕様をリリースしました。

　UAF仕様は、FIDO Universal Authentication Frameworkの略で、主にアプリケーションにおいて、所有認証と生体または知識認証を組み合わせた多要素認証を実現するための仕様群です。

　U2F仕様は、FIDO Universal Second Factorの略で、主にブラウザにおいて多要素認証の2要素目としてセキュリティキーを利用するための、ブラウザと認証器間の通信プロトコルです。FIDO2と互換性があるため、U2F対応の認証器は一部のパスキー対応Webサイトで利用できる場合もあります。

　UAF仕様とU2F仕様を合わせて、FIDO1.0と呼ばれる場合があります。

　よりブラウザとの親和性を高め、パスワードレス認証の普及を進めるため、前述のFIDO2仕様の策定の動きが2016年に始まりました。

　FIDOアライアンスの中での仕様策定は、仕様ごとに複数存在するTechnical Working Group（TWG）の中で行われます。CTAP仕様は、FIDO2 Technical Working Groupで検討されています。なお、FIDOアライアンスのTWGに参加するには、1社当たり年間27,500ドルを支払ってスポンサーレベル以上の会員になる必要があります。アソシエイトレベルの会員や非会員には仕様策

定に関する議論は公開されていません。TWG中で一定のレベルに達した仕様案が、手続きを経て公開されます。

- 参考
    - https://fidoalliance.org/overview/history/
    - https://fidoalliance.org/faqs/
    - https://fidoalliance.org/specifications/

## UAF

UAF仕様は、FIDO Universal Authentication Frameworkの略で、主にアプリケーションにおいて、所有認証を第1要素とし、生体または知識認証の第2要素を組み合わせた多要素認証を実現するための仕様群です。

UAFは、主にスマートフォンのアプリ内で、スマートフォンの生体認証機能を用いた認証を行ったり、PCのアプリ内で、PCに接続された認証器（指紋リーダなどのハードウェア）を利用する際に使われています。スマートフォンアプリの場合には、通常UAFによるFIDO機能はSDKなどで提供され、アプリ内に組み込まれています。外部認証器を利用する場合には、認証器ごとにAuthenticator Specific Module（ASM）と呼ばれるミドルウェアが必要です。

パスキーでの認証のベースとなっているFIDO2仕様では、ユーザーは原則、あらゆるパスキープロバイダ（認証器）を自由に選択して利用することができる一方、UAF仕様では、利用できる認証器はサービスによって決められたものに限られます。UAFでは、アプリケーションと認証器が密接に関連しているため、ユーザーが自分で認証器を用意することもなく、FIDOの存在を意識することはほとんどありません。そのため、会社のシステムで生体認証でログインしたり、銀行などのスマホアプリ上で生体認証でログインしたりしている場合、みなさんも、もしかしたら知らず知らずのうちに、UAF仕様に準拠したFIDOを使っているのかもしれません。

- 参考
    - https://fidoalliance.org/specs/fido-uaf-v1.2-ps-20201020/fido-uaf-overview-v1.2-ps-20201020.pdf

## U2F

U2F仕様は、FIDO Universal Second Factorの略で、主にブラウザにおいて多要素認証の2要素目として認証器（セキュリティキーなどのハードウェア）

# 第9章 パスキー周辺のエコシステム

を利用するための、ブラウザと認証器間の通信プロトコルです。USB(HID)、NFC、Bluetoothでの通信プロトコルも標準化されているため、任意の認証器（ハードウェア）を利用することができます。

後にCTAP2としてアップデートされ、FIDO2仕様の一部になりました。そのため、U2FはCTAP1と呼ばれることもあります。

FIDO2同様、U2Fでは、JavaScript APIが提供され、ブラウザ上で簡単に利用できましたが、caniuse.comによれば、2022年にChromeで、2023年にFirefoxでサポートが終了し、今では後方互換性のあるWebAuthnに移行しています。U2F対応の認証器は一部のパスキー対応Webサイトで利用できる場合もありますが、生体やPINによる二要素認証を行うことができないため、ID、パスワードなどで認証した後の2要素目として利用する前提となります。

- 参考
  - https://fidoalliance.org/specs/fido-u2f-v1.2-ps-20170411/fido-u2f-overview-v1.2-ps-20170411.pdf

## CTAP

CTAPの正式名称はClient to Authenticator Protocolです。正式名称のとおり、クライアントデバイスと認証器の間の通信プロトコルを定義しています。CTAPには、CTAP1とCTAP2の2つのバージョンがあります。

CTAP1は、前述のとおり、過去にU2Fと呼ばれており、セキュリティキーなどを利用した第2要素認証で利用されています。USBキー、NFCキー、スマートフォンのようなモバイルデバイスなどが想定されています。

CTAP2は、WebAuthn上で連携し動作することを想定しています。U2Fのユースケースに加えて、スマートフォンを利用してデスクトップにログインするようなパスワードレスなクロスデバイス認証体験（仕様上は**hybrid**方式）が実現できます。

CTAPによりデバイスを組み合わせた二要素認証やパスワードレス認証を提供でき、より柔軟なユースケースへの対応が可能になります（**図9.4**）。

## FIDO関連仕様の一覧

FIDO2、UAF、U2F仕様の特徴を一覧にまとめました（**表9.1**）。FIDO2仕様が、UAF、U2Fの長所を引き継いで発展してきたことがわかります。

## 9.1 パスキーの仕様を読み解くための手引き

図9.4　CTAP、WebAuthn、FIDO認証の関係

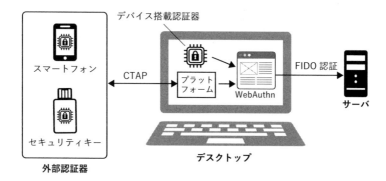

表9.1　FIDO関連仕様の一覧

|  | FIDO2 (WebAuthn+CTAP2) | UAF | U2F (CTAP1) |
| --- | --- | --- | --- |
| 仕様策定団体 | W3C、FIDOアライアンス | FIDOアライアンス | FIDOアライアンス |
| ローカル認証<br>（生体・PINなど） | 可能 | 可能 | 不可 |
| 単体でログイン | 可能 | 可能 | 不可 |
| ブラウザでの利用 | 可能（WebAuthn） | 非対応（専用ライブラリ・拡張機能などが必要） | 可能（WebAuthnが後方互換） |
| アプリ・Webサービスとの密結合 | 不要（原則、FIDO2仕様に準拠するあらゆる認証器・ソフトウェアを利用可能） | 必要（SDKとして内蔵、またはミドルウェアが必要） | 不要（原則、U2F仕様に準拠するあらゆる認証器を利用可能） |
| クレデンシャルの同期・共有 | 可能 | 不可 | 不可 |
| 端末単体での利用 | 可能<br>（ハードウェア・ソフトウェアどちらも可） | 可能<br>（ハードウェア・ソフトウェアどちらも可） | 不可<br>（外部ハードウェアの利用が前提） |
| 外部認証器との接続方式 | USB（HID）、BLE、NFC、Hybrid | 認証器しだい（ミドルウェア層で吸収） | USB（HID）、BLE、NFC |
| ネイティブアプリでの利用 | OS標準APIの利用<br>（Android、Apple、Windows） | SDK、ミドルウェア、もしくは専用ソフトのインストールが必要 | 不可（想定外） |

※出典：FIDOアライアンスやMicrosoft（https://learn.microsoft.com/ja-jp/windows/security/identity-protection/hello-for-business/webauthn-apis）などより筆者まとめ

# 第9章 パスキー周辺のエコシステム

## 9.2 パスキーの実装をサポートするエコシステム

本節では、パスキーの実装をサポートする認定プログラムや開発者向けのWebサイトについて紹介します。

### 認定プログラム

FIDOアライアンスでは、パスキーに関するいくつかの認定プログラムを提供しています。認定プログラムはFIDOアライアンスメンバー以外でも利用することができますが、メンバー・非メンバー間で認定費用は異なります。

- **FIDOサーバに対する機能認定プログラム**
  FIDOサーバが仕様どおり動作することを認定
- **認証器に対する機能認定プログラム**
  認証器が仕様どおり動作することを認定
- **生体認証コンポーネントに対する認定プログラム**
  認証器の生体認証機能の性能を認定

FIDOサーバは、機能テストと、相互接続性テストの2つのテストを通過することで機能認定を取得することができます。機能テストは、FIDOアライアンスが提供するテストプログラムを自身の環境で実行し、すべてのチェックに合格することで通過となります。テストプログラムは、FIDOアライアンスのWebサイトで連絡先などを入力することで無料で入手することができます。相互接続性テストは、長くとも90日おきに開催されています。過去には参加者が1ヵ所に集まって実施していましたが、最近はリモートで開催されているようです。集まった認証器とサーバがお互いに接続し合い、登録や認証が成功することを確認します。

2つのテストを通過した後に、認定費用を支払うことで、FIDOアライアンスからの正式な認定書を受領できます。認定を受けたサーバは、公式ロゴを利用することが可能です。

認証器の機能認定も、機能テストと相互接続性テストまでは同じプロセスとなります。認証器の認定は、セキュリティ強度によって、レベル1からレベル3プラスまでの5つのレベルに分類されており、認定を受けるレベルに

よって、さらなる試験や審査が必要な場合があります。一番簡単なレベル1でも、秘密鍵を安全に管理する方法や、ローカルユーザー検証の手段について、FIDOアライアンスの要件に従っていることを確認するため、質問票に正確に回答して提出する必要があります。

　生体認証コンポーネントに対する認定プログラムは、第三者検査機関での検査を経て認定を取得できます。FAR（他人受入率）やFRR（本人拒否率）などの決められた基準を満たす限り、顔、指紋、声紋など、生体認証の種類に対する制限はありません。

- 参考
    - https://fidoalliance.org/certification/?lang=ja

## 開発者向けリソース

　パスキーの実装に参考になるインターネット上のリソースを紹介します。特に明記のない場合には、英語のサイトとなっています。

### 情報サイト

- FIDOアライアンス公式Webサイト
    - https://fidoalliance.org/
- パスキー・セントラル
    - https://passkeycentral.org/ja
    - FIDOアライアンスが運営する、パスキーの導入を検討するすべての人向けの解説サイトで、日本語版も提供されています。特に米国でのリサーチ結果をもとに推奨するUXパターンについて詳細に解説されています
- passkeys.dev
    - https://passkeys.dev/
    - W3CとFIDOアライアンスの有志メンバーによって運営されているWebサイトです。OSやブラウザごとの動作状況や、用語の解説、利用できるライブラリの一覧が公開されています
- Appleによる開発者向け情報サイト
    - https://developer.apple.com/passkeys/
    - Appleによる開発者向けパスキー情報サイトです。実装ガイドドキュメント、サンプルコード、動画に加え、質問ができるフォーラムが用意されています
- Googleによる開発者向け情報サイト
    - https://developers.google.com/identity/passkeys/
    - Googleによる開発者向けパスキー情報サイトです。標準としてのパスキーの

# 第9章 パスキー周辺のエコシステム

実装方法解説に加え、Androidアプリに対応する方法や、UXベストプラクティス、Googleプラットフォームにおけるパスキーの実装方法などを掲載しています

- **Yubicoによる開発者向け情報サイト**
  - https://developers.yubico.com/Passkeys/
  - FIDO2仕様の策定に貢献しているYubicoによって運営されている、パスキー全般に関する解説サイトです

## デモサイト

- **webauthn.io**
  - https://webauthn.io/
  - FIDO2仕様の策定に貢献しているCiscoによって運営されている、WebAuthn仕様のデモサイトです。パスキーの動作を簡単に体験することができます。また、ページの後半にはあらゆる言語で利用できるライブラリの一覧があります

- **learnpasskeys.io/ja/demo**
  - https://learnpasskeys.io/ja/demo
  - FIDO2仕様の策定に貢献しているOktaによって運営されている、WebAuthn仕様のデモサイトです。日本語でWebAuthnの実装の概要を確認しながら、パスキーの動作を体験することができます

- **webauthn.me**
  - https://webauthn.me/
  - こちらもOktaによって運営されている、WebAuthn仕様のデモサイトです。WebAuthn APIのパラメータを変更し、動作を検証することができます

- **try-webauthn.appspot.com**
  - https://try-webauthn.appspot.com/
  - Googleが公開している、TypeScriptで構築されたWebAuthnのデモサイトです。ソースコードもGitHubで公開されています

- **demo.yubico.com/webauthn-developers**
  - https://demo.yubico.com/webauthn-developers
  - Yubicoによる、WebAuthn仕様のデモサイトです。細かいパラメータを自由に変更でき、仕様策定中のExtensionなどもいち早くテストできます

## ライブラリ

- **SimpleWebAuthn**
  - https://simplewebauthn.dev/
  - FIDO2仕様策定の主要メンバーの1人、Matthew Miller氏が公開する、TypeScriptで開発されたサーバ、ブラウザ双方をサポートするライブラリです。その名のとおりシンプルに作られていて簡単に利用できるため、本書のサンプルコードを含む、多くのサイトで利用されています

- **java-webauthn-server**
  - https://github.com/Yubico/java-webauthn-server
  - Yubicoが公開する、Javaで開発されたライブラリです
- **webauthn_rs**
  - https://docs.rs/webauthn-rs/latest/webauthn_rs/
  - William Brown氏が公開する、Rustで開発されたライブラリです
- **py_webauthn**
  - https://github.com/duo-labs/py_webauthn
  - FIDO2仕様の策定に関与していたDuo Labs（後にCiscoに吸収）が公開する、Pythonで開発されたライブラリです
- **webauthn**
  - https://github.com/go-webauthn/webauthn
  - Goで開発されたライブラリです。当初Duo Labsによって公開されていましたが、後にForkされ、コミュニティによる開発となりました
- **webauthn4j**
  - https://github.com/webauthn4j/webauthn4j
  - Yoshikazu Nojima氏が公開する、Javaで開発されたライブラリです。ID基盤のオープンソースプロジェクト、Keycloakでも採用されています
- **Fido2 .NET library**
  - https://fido2-net-lib.passwordless.dev/
  - .NETで開発されたライブラリです
- **webauthn-ruby**
  - https://github.com/cedarcode/webauthn-ruby
  - Rubyで開発されたライブラリです
- **line-fido2-server**
  - https://github.com/line/line-fido2-server
  - LINEヤフーが公開している、Javaで開発されたライブラリです。オープンソースで公開されているプロジェクトでは珍しく、FIDOアライアンスの機能テスト、相互運用性テストに合格しただけでなく、正式な認定を受けています
- **awesome-webauthn**
  - https://github.com/yackermann/awesome-webauthn
  - FIDO仕様の初期から仕様策定や認定プログラムの運営に関与してきたYuriy Ackermann氏が管理する、WebAuthnとパスキーの実装や学習に役立つ包括的なリソース集です。デモ、サーバライブラリ、クライアントライブラリ、認証器、開発ツール、チュートリアルなど、幅広いリソースがカテゴリ別に整理されています。Article、Booksのセクションには、日本語のリソースも一部掲載されています

# 第9章 パスキー周辺のエコシステム

### メーリングリスト・コミュニティ

- **FIDO-DEV メーリングリスト**
    - https://groups.google.com/a/fidoalliance.org/g/fido-dev
    - FIDOアライアンスによって、パスキーを含むFIDO仕様全般の実装を支援するために作成された、ルール(NOTE WELL)に合意すれば誰でも参加できるメーリングリストです。仕様の内容や実装方法について英語で相談することができます

- **ID厨 Discord**
    - https://discord.gg/3YRJkZAj2Z
    - パスキーを含むIDに関するあらゆる話題を取り扱う日本語のコミュニティです。本書の執筆陣も参加しています。名称の由来は、古いネットスラングでマニアを意味する厨房(中坊：中学生のこと)からです

## 9.3 まとめ

本章では、パスキーを支える標準化の流れや仕様策定の経緯、また、開発者向けのリソースやツールについて紹介しました。

# 付録 A

# クライアント用 Extensionの解説

後方互換や先進的な活用のための
拡張機能をみてみよう

# 付録A クライアント用Extensionの解説

付録Aとして、WebAuthn仕様で現在定義されているクライアント用Extensionについて解説します。後方互換などの目的で必要となるかもしれません。なお、ブラウザや認証器によって対応していないものもあるので、商用導入前には想定されるユーザーの環境に対して十分にテストしてください。

## A.1 FIDO AppID Extension（appid）

FIDO AppID Extensionは、すでにU2F仕様を用いて登録された認証器による認証を要求するための拡張機能です。U2Fはパスキーの仕様であるFIDO2の前身の仕様です。この機能は後方互換性のために用意されています。AppIDとは、U2Fにおける、FIDO2仕様で言うところのRP IDに該当するものです。U2FのAppIDにはhttps://から始まるURLを指定する必要がある一方、FIDO2ではhttps://を除いたドメイン名を指定するため、FIDO AppID Extensionを利用することで、U2F認証器に対してログイン先のドメインを指定できるようになっています。

このExtensionは、あくまで過去にWebAuthn以前のFIDO U2F JavaScript APIを利用して登録した認証器を利用するための仕様なため、新たな認証器の登録には利用できません。新たなU2F認証器の登録は、FIDO2認証器と同様にWebAuthn APIで可能です。

実際に利用する際は、navigator.credentials.get()に渡すPublicKeyCredentialCreationOptionsに下記を含めます。

```
extensions: {
  appid: 'https://accounts.example.com';
}
```

U2Fで作られた認証器のクレデンシャルを含めるには、FIDO2同様、allowCredentialsにクレデンシャルIDを指定します。

```
allowCredentials: {
  [
    id: *****,
    transports: ['nfc', 'usb'],
    type: 'public-key'
  ]
}
```

AppIDが適用されると、公開鍵クレデンシャルの`extensions`に`appid: true`が含まれます。適用されなかった場合は`appid: false`が含まれます。

## A.2 FIDO AppID Exclusion Extension (appidExclude)

FIDO AppID Exclusion ExtensionはFIDO AppID Extensionと似ていますが、新しくパスキーを登録する際、U2F仕様で登録済みの認証器を除外するために使用するものです。過去にWebAuthn以前のFIDO U2F JavaScript APIを利用して登録された認証器を除外することができます。

WebAuthn APIですでに登録された認証器を除外する際、`excludeCredentials`でクレデンシャルIDを指定しますが、U2FのAppIDとRP IDは一致しないため、クライアントはU2F認証器を識別することができません。そこでFIDO AppID Exclusion Extensionを使うことで、クライアントに除外すべきAppIDを指定することができます。

実際に利用する際は、`navigator.credentials.create()`に渡す`PublicKeyCredentialCreationOptions`に下記を含めます。

```
extensions: {
  appidExclude: 'https://accounts.example.com';
}
```

U2Fで作られた除外する認証器のクレデンシャルを含めるには、FIDO2同様、`excludeCredentials`にクレデンシャルIDを指定します。

```
excludeCredentials: {
  [
    id: *****,
    transports: ['nfc', 'usb'],
    type: 'public-key'
  ]
}
```

AppIDが適用されると、公開鍵クレデンシャルの`extensions`に`appidExclude: true`が含まれます。適用されなかった場合は`appidExclude: false`が含まれます。

付録 A　クライアント用Extensionの解説

## A.3
## Credential Properties Extension (credProps)

Credential Properties Extensionは、パスキーに関する情報を要求することができます。本書執筆時点では、作成されたFIDO2クレデンシャルがディスカバラブルクレデンシャルか、そうでないかを判定することができるrkが定義されていますが、今後他のプロパティが定義される余地が残されています。

rkは、パスキー作成時にauthenticatorSelection.residentKey="preferred"と設定してnavigator.credentials.create()をコールした際に利用します。

実際に利用する際は、navigator.credentials.create()に渡すPublicKeyCredentialCreationOptionsに下記を含めます。

```
extensions: {
  credProps: true
}
```

認証器の作成したFIDO2クレデンシャルがディスカバブルクレデンシャルの場合にはrk: trueが、そうでない場合にはrk: falseが返却されます。判定できなかった場合には、結果は返却されません。

## A.4
## Pseudo-random function extension (prf)

PRF ExtensionのPRFとはPseudo-Random Functionの略で、擬似乱数関数のことです。一般的に擬似乱数とは、ランダムに見えるデータを数学的に出力したもので、計算式や最初に入力するデータ(種やシードと呼びます)がわかっていると結果が予測できることから、暗号的な処理には向きません。

一方、PRF Extensionでは、入力するデータと、認証器の中のFIDO2クレデンシャルに紐付く秘密鍵をシードとして生成した擬似乱数を出力します。また、PRF Extensionの利用時は、ローカルユーザー検証が必須となります。

つまりWebサイトやアプリケーションは、ユーザーが認証器を所有しており、入力するデータがわからない限り、出力される乱数がわからないことになります。この特性により、PRF Extensionで生成された乱数を暗号化のた

めの共通鍵として利用することができます。クライアントに保存された情報をサーバにバックアップする際、この共通鍵で暗号化してからサーバに送信すれば、サーバでは復号することができないため、安全です。このようなしくみをEnd-to-End Encryption（E2EE）と呼びます。

パスキー作成時には、navigator.credentials.create()に渡すPublicKeyCredentialCreationOptionsに下記を含めます。first、secondと2つのArrayBufferを指定することで、最大で2つの乱数を同時に生成することができます。2つ目の指定は任意です。新しい秘密鍵に切り替えることを想定し、2つの乱数を生成できるようになっています。

```
extensions: {
  prf:{
    eval:{
      first: ※任意のArrayBuffer(必須),
      second: ※任意のArrayBuffer(任意),
    }
  }
}
```

作成された公開鍵クレデンシャルには下記のように結果が返却されます。認証器がPRFに対応していない場合にはenabled:falseが返却されます。認証器がPRFに対応しており、かつパスキー作成時の擬似乱数生成に対応している場合には、resultsの中に乱数が返却されます。enabled:trueにもかかわらず、resultsが返却されない場合には、パスキー作成時の擬似乱数生成に対応していないため、続けてnavigator.credentials.get()を実行します。

```
prf:{
  enabled: true または false,
  results:{
    first: ※ArrayBuffer,
    second: ※ArrayBuffer(指定した場合)
  }
}
```

パスキーでの認証時には、navigator.credentials.get()に渡すPublicKeyCredentialCreationOptionsに下記を含めます。allowCredentialsに指定したクレデンシャルIDごとに異なるInputを指定することもできます。evalByCredentialの中に合致するクレデンシャルIDがある場合には、その中の値が優先されます。

```
extensions: {
  prf:{
```

# 付録A クライアント用Extensionの解説

```
    eval:{
      first: ※ArrayBuffer(必須),
      second: ※ArrayBuffer(任意)
    },
    evalByCredential:{
      "※CredentialIDのBase64Url文字列":{
        first: ※ArrayBuffer(必須),
        second: ※ArrayBuffer(任意)
      }
    }
  }
}
```

認証時の結果も作成時と同様ですが、enabledは返却されません。

```
prf:{
  results:{
    first: ※ArrayBuffer,
    second: ※ArrayBuffer(指定した場合)
  }
}
```

## A.5 Large blob storage extension (largeBlob)

　Large blob storage extensionは、認証器に小さな任意のデータ(1,024バイト程度)を格納するために用意されています。通常オンラインサービスは、サーバ側でユーザーに関する情報をいくらでも管理できるため、認証器にデータを管理するニーズはあまりないと思われますが、WebAuthn仕様で例示されている用途として、サーバ側で公開鍵に対する証明書を発行し、その証明書を認証器に保管させることができる、とされています。認証器に証明書を持つことで、サーバ側でクレデンシャルIDとユーザーIDの紐付けを省略するといったアーキテクチャを実現することができます。

　パスキー作成時には、largeBlob extensionの利用可否を確認できます。`navigator.credentials.create()`に渡す`PublicKeyCredentialCreationOptions`に下記を含めます。

```
extensions: {
  largeBlob:{
    support: 'required' または 'preferred'
```

```
  }
}
```

　`support: 'required'`が指定された場合、認証器がlargeBlobに対応していない場合には、ユーザーにデバイスが対応していない旨のエラーが表示され、パスキーの作成に失敗します。

　それ以外の場合には、作成されたクレデンシャルに下記のように結果が返却されます。

```
largeBlob:{
  supported: true または false
}
```

　パスキーでの認証時には、データの保存または取得ができます。
　データを保存する場合には、`navigator.credentials.create()`に渡すPublicKeyCredentialCreationOptionsに下記を含めます。

```
extensions: {
  largeBlob:{
    write: ※任意のArrayBuffer
  }
}
```

　保存処理の結果はクレデンシャルに下記のように返却されます。

```
largeBlob:{
  written: true または false
}
```

　データを取得する場合には、`navigator.credentials.create()`に渡すPublicKeyCredentialCreationOptionsに下記を含めます。

```
extensions: {
  largeBlob:{
    read: true
  }
}
```

　取得処理の結果はクレデンシャルに下記のように返却されます。

```
largeBlob:{
  blob: ※ArrayBuffer
}
```

　取得に失敗した場合はblob不在で空のオブジェクトが返却されると定義さ

れています。

## A.6 Extensionの利用可否を判定する

PublicKeyCredential.getClientCapabilities()（6.2節の「利用可能な機能をまとめて確認する」参照）を確認することで、本章で説明したExtensionのブラウザサポート状況を判定することができます。

付録 **B**

# iOS実装サンプル
サンプルアプリを動かしてみよう

# 付録 B　iOS実装サンプル

## B.1 概要

　実際に動作するAndroidやWebの実装サンプルは、Googleなどにより広く公開されています。一方、iOSの実装サンプルは執筆時点で適当なものがなかったため、本書の付録として公開します。下記のGitHubページよりダウンロードしてください。

- https://github.com/kkoiwai/passkey-example

## B.2 動作の紹介

　実装サンプルの動作を紹介します。実際にみなさんの端末上で動作させるには、Apple Developer Programへの登録と、サーバアプリが必要です。サーバアプリも、上記GitHubにあります。

　アプリを起動すると、まずログイン画面が表示されます(**図B.1**)。最初に利用する際は、アカウント登録が必要です。「Register a new account」をタップすると、新規登録画面に変化します(**図B.2**)。

図B.1　**起動直後のログイン画面**

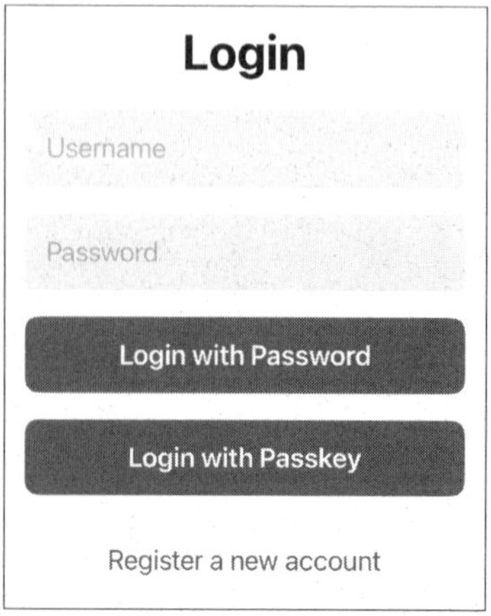

図B.2　**アカウント登録画面**

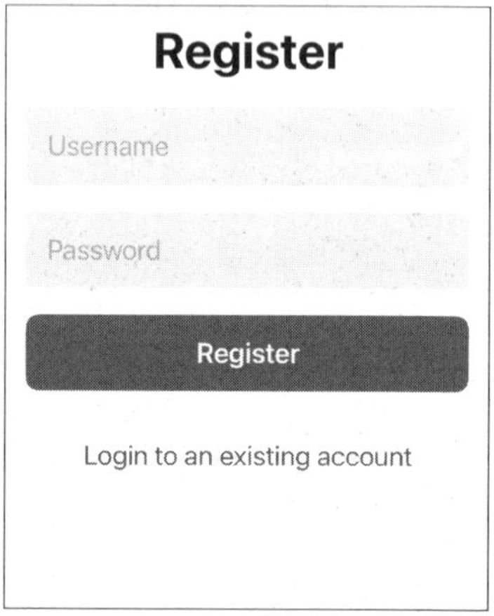

218

新規登録画面では、パスワードは任意項目となっています（図B.3）。

入力してもしなくてもどちらでもかまいません。ただし、実装の簡略性のため、初期登録時に設定したパスワードは変更できません。また、初期登録時にパスワードを省略した場合はそれ以降パスワードを登録することもできません。

ユーザー名を入力し、「Register」をタップすると、Face IDまたはTouch IDが要求され、パスキーによるユーザー登録が完了します（図B.4）。

新規登録が終わると、サーバに登録されたパスキー一覧画面に遷移します（図B.5）。

ここには、パスキーごとに、クレデンシャルIDと、実際の公開鍵、登録日時が表示されています。

登録直後で、パスキー一覧画面に何も表示されない場合は、画面を下にスワイプすることでリロードされます。

図B.3　アカウント登録画面
　　　　（ユーザー名入力後）

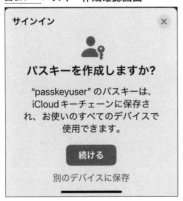

図B.4　パスキー作成確認画面

図B.5　ログイン後のパスキー一覧画面

# 付録 B iOS実装サンプル

このアプリでログイン後に表示されるのはこの画面のみです。

「Back」をタップすると、ログアウトしてログイン画面に戻ります。

ログイン画面では、すでにパスキーが保存されているため、キーボードの上部に「パスキーでサインイン」と表示があります（図B.6）。ここをタップするだけで、ユーザー名を入力せずにログインが完了します。

パスキー一覧画面では、パスキーを左にスワイプすることで、サーバから削除することができます（図B.7）。パスキーをサーバから削除してしまうと、パスワードを設定していない限り、ログインできなくなってしまうので注意してください。

ログインできなくなってしまった場合には、ブラウザでWebサーバにアクセスすることで、すべての公開鍵クレデンシャル・パスワードを含む、アカウントをすべて削除できるようになっています（図B.8）。もちろん、テストのために特別に用意している機能です。

「DELETE」をタップして、表示されるダイアログに削除したいユーザー名

図B.6　パスキー登録後のログイン画面

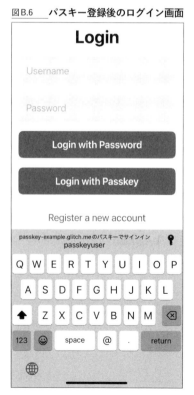

図B.7　パスキー一覧画面でのパスキーの削除

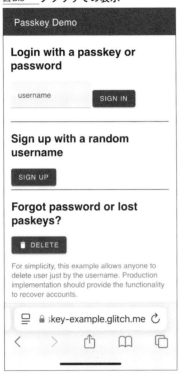

図B.8　ブラウザでの表示

図B.9　ブラウザでの削除ダイアログ

を入力してください（**図B.9**）。

　サーバ上のパスキーやアカウントを削除しても、端末に保存されたパスキーは消えません。よって、端末の設定アプリやパスワードアプリから、該当するパスキーを削除してください。

# B.3 動かす方法

　まずは、GitHubからソースコードをダウンロードしてください。

　iOSアプリのソースコードは`Swift`フォルダに含まれていますので、Xcodeでプロジェクトファイル`PasskeySample.xcodeproj`を開いてください。

　最低限動作させるためにXcodeで編集が必要な場所は2ヵ所です。いずれも、Webサーバのドメインを指定してください。

# 付録 B iOS実装サンプル

❶ PasskeyService.swiftの31行目のdomain
❷ info.plistのAssociated Domainsの設定

　Webサーバのソースは、GitHubのルートディレクトリに存在します。同様のソースをGlitchに保存しているため、https://glitch.com/edit/#!/remix/passkey-exampleからRemixすることで簡易的に立てることも可能です[注1]。

　Webサーバには、アプリとドメインを紐付けるためのapple-app-site-associationファイルを配置する必要がありますが、Glitchの.envファイルで設定できるようにしています。Glitchの編集画面で.envを選択し、「#iOS APP」の欄に、アプリのAppID（TeamIDとBundleIDをピリオドでつなげたもの）を入力してください（図B.10）。

　その後、iOSアプリをビルドすることで実動作を確認できます。なお、新たなドメインをAssociated Domainsに登録した後は、実際に動くまでに時間がかかる場合があります。

---

注1　執筆時点で、GlitchでサポートされているNode.jsのバージョンは16と非常に古く、最新のSimpleWebAuthnライブラリも動作しないため、将来的に別の環境での構築を案内する可能性があります。その場合はGitHubリポジトリのReadmeを参照してください。

図B.10　アプリのAppIDをGlitchの.envに入力

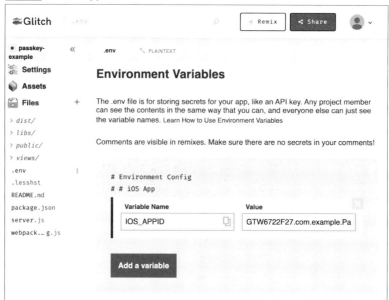

# あとがき～本書の刊行に寄せて

　ようこそ、パスワードのいらない世界へ。本書は、パスキーの普及に尽力する著者の3名（えーじさん、倉林さん、小岩井さん）が、コミュニティの仲間の支援も受けながら、パスキーの実装と実際の利用がさらに広がるためにと、最新の状況を踏まえながら、網羅的かつ正確な解説を試みた渾身の力作です。

　日本のコミュニティは、パスキーを支える技術標準であるFIDO（*Fast Identity Online*）認証に早くから着目し、実際の商用導入と応用で他国に先駆けて成果を積み重ねてきたことから、その取り組みについては世界的にたいへん注目されています。また、国際的な技術標準化の活動においては継続的な仕様改善が必要です。日本からは、商用導入の経験に基づいて改善すべき点をグローバルにフィードバックし、技術標準化に貢献しています。

　フィッシング詐欺による被害がまだそれほど顕在化していなかったFIDOアライアンスの創設期と比較して、不正決済や不正送金につながる被害が次第に明らかになり、2021年に発生したいくつかの出来事は、国内におけるパスキーの導入推進をさらに加速するきっかけとなりました。それがまたパスキーのグローバルでの実績につながっています。

　利便性とセキュリティを高いレベルで両立させるため、そして現実社会で発生している実際の問題を解決するための答えが、いまのパスキーです。ユーザー体験のさらなる向上についての取り組みが期待されています。巧妙化する手口などにより新たな対策が求められることもあるかもしれません。しかし、本書が現時点において、国内でパスキーの実装を進めるために参考とすべき、最高のスナップショットであることはまちがいありません。

　ぜひ、本書を手にとっていただけたことをきっかけとして、パスワード課題を解決するパスキーの実装を具体的なものにしていただけたらと、心から願っています。

FIDO Japan WG座長・FIDOアライアンス 理事  
W3C 理事  
森山 光一

# 索引

## A

AAGUID（Authenticator Attestation Global Unique Identifier）
...................................................................................108, 136, 166

AbortController................................................................101, 106
　.abort()...................................................................................108
AbortError.................................................................................108
AbortSignal
　.onabort.................................................................................107
allowCredentials ➡
　PublicKeyCredentialRequestOptions.allowCredentials
ASAuthorizationPlatformPublicKeyCredentialProvider API........70
Associated Domains........................................................71, 154
ASWebAuthenticationSession............................................72, 152
Attestation...........................................................120, 178, 179
Attestation Object....................................................................182
Attestation Statement......................................................181, 184
attestationObjectの検証.........................................................135
Authentication Services Framework........................................70
Authenticator Attestation Global Unique Identifier ➡ AAGUID
Authenticator Data..................................................................184
AuthenticatorAssertionResponse............................................138
　.authenticatorData................................................................139
　.clientDataJSON....................................................................139
　.signature..............................................................................140
　.userHandle...........................................................................140
AuthenticatorAttestationResponse..........................................129
　.attestationObject..................................................................130
　.clientDataJSON....................................................................130
autocomplete="webauthn"...............................................101, 104
Automatic passkey upgrade......................................................94

## B

Backup Eligibilityフラグ ➡ BEフラグ
BE（Backup Eligibility）フラグ.........................109, 150, 178, 182
Backup Stateフラグ ➡ BSフラグ
BS（Backup State）フラグ........................................................182

索引

## C

ClientCapability
　.conditionalCreate ........................................ 95, 122
　.conditionalGet ..................................................... 122
　.hybridTransport .................................................. 123
　.passkeyPlatformAuthenticator ........................... 122
　.userVerifyingPlatformAuthenticator .................. 122
CBOR(Concise Binary Object Representation) ........... 183
challengeの検証 .............................................. 135, 143
challengeの破棄 .............................................. 137, 144
challenge ➡
　PublicKeyCredentialCreationOptions.challenge,
　PublicKeyCredentialRequestOptions.challenge

Chromium ........................................................................ 68
Client To Authenticator Protocol 2 ➡ CTAP2
Concise Binary Object Representation ➡ CBOR
Conditional Registration ...................................... 54, 94
Conditional UI ............................................................... 56
Credential Management API ...................................... 196
Credential Manager ........................................... 70, 160
CTAP ........................................................................... 202
CTAP1 ......................................................................... 202
CTAP2(Client To Authenticator Protocol 2) ...... 22, 194, 202
Custom Tabs ........................................................ 72, 160

## D

DBSC(Device-Bound Secure Credentials) ................. 42
Device-bound Passkey ➡ デバイス固定パスキー
Device-Bound Secure Credentials ➡ DBSC
Digital Asset Links .......................................... 161, 162, 173
Digital Credentials API .............................................. 190
Discoverable Credential ➡ ディスカバラブル クレデンシャル

## E

eTLD ........................................................................... 117
eTLD+1 ...................................................................... 119
excludeCredentials ➡
　PublicKeyCredentialCreationOptions.excludeCredentials

## F

Fast IDentity Online 2 ➡ FIDO2
FederatedCredential .................................................. 199
FIDO U2F ...................................................... 12, 23, 201
FIDO UAF .............................................................. 23, 201

225

### G
FIDO2(Fast IDentity Online 2) ............................................. 22, 194
FIDO2クレデンシャル ............................................. 23
FIDOアライアンス ............................................. 179, 200
Gecko ............................................. 68
Googleパスワードマネージャー ............................................. 74

### H
hints ➡
　PublicKeyCredentialCreationOptions.hints,
　PublicKeyCredentialRequestOptions.hints

Hybrid ............................................. 66, 105, 129, 202

### I
iCloudキーチェーン ............................................. 74
IdentityCredential ............................................. 199
ID連携 ............................................. 17
isUserVerifyingPlatformAuthenticatorAvailable() ➡
　PublicKeyCredential.isUserVerifyingPlatformAuthenticatorAvailable()

isUVPAA ➡
　PublicKeyCredential.isUserVerifyingPlatformAuthenticatorAvailable()

### M
mDoc ............................................. 190
MDS ➡ Metadata Service
mediation ............................................. 95, 101
Metadata Service(MDS) ............................................. 179

### N
navigator.credentials.create() ............................................. 92, 123
navigator.credentials.get() ............................................. 98, 101, 103, 104, 137
NIST SP 800-63 ............................................. 8, 14, 177

### O
OpenID Connect ............................................. 17
origin ............................................. 117, 143, 162
originの検証 ............................................. 135, 143
OTP ➡ ワンタイムパスワード
OTPCredential ............................................. 198

### P
Passkey ➡ パスキー
PasswordCredential ............................................. 198
Polyfill ............................................. 89
Public Suffix List(PSL) ............................................. 118
PublicKeyCredential ............................................. 91, 199
　.authenticatorAttachment ............................................. 106, 130, 140
　.getClientCapabilities() ............................................. 95, 122, 216
　.id ............................................. 130, 139
　.isConditionalMediationAvailable() ............................................. 90, 100, 122

　　　　　.isUserVerifyingPlatformAuthenticatorAvailable() ..... 90, 98, 106, 121
　　　　　.rawId ................................................................................ 130, 139
　　　　　.response ......................................................................129, 138, 181
　　　　　.type ................................................................................. 130, 140
　　PublicKeyCredentialCreationOptions.............................................91
　　　　　.authenticatorSelection....................................................................145
　　　　　　　　.authenticatorAttachment ....................................93, 105, 127, 145
　　　　　　　　.requireResidentKey........................................................... 93, 127
　　　　　　　　.residentKey.....................................................................127, 212
　　　　　　　　.userVerification ...................................................... 94, 127, 146
　　　　　.challenge................................................................................... 92, 124
　　　　　.excludeCredentials ........................................................ 50, 93, 126, 147
　　　　　.hints .................................................................................94, 105, 128, 178
　　　　　.pubKeyCredParams .................................................................... 126
　　　　　.rp.................................................................................................. 92, 125
　　　　　　　　.id............................................................................................. 125
　　　　　　　　.name....................................................................................... 125
　　　　　.timeout ............................................................................................ 128
　　　　　.user ................................................................................................... 93
　　　　　　　　.displayName ......................................................................... 126
　　　　　　　　.id............................................................................................. 125
　　　　　　　　.name....................................................................................... 125
　　PublicKeyCredentialRequestOptions ........................................... 98
　　　　　.allowCredentials ...................................................................103, 138, 148
　　　　　.challenge................................................................................... 98, 138
　　　　　.hints .................................................................................................105
　　　　　.rpId .................................................................................................. 99
　　　　　.timeout ...........................................................................................138
　　　　　.userVerification ......................................................................... 99, 138
**R**　　Related Origin Requests（ROR）............................................122, 171
　　Related Website Sets ........................................................................173
　　Relying Party ➡ RP
　　Resident Key ...............................................................................................127
　　ROR ➡ Related Origin Requests
　　RP（Relying Party）..............................................................................92, 117
　　RP ID .............................................................................................. 114, 117
　　rp.idの検証 ............................................................................................135, 144

**S**
SAML（Security Assertion Markup Language）.................................17
Security Assertion Markup Language ➡ SAML
Signal API ................................................................................................. 122, 174
SimpleWebAuthn ..................................................................................... 131, 206
SIMスワップ ................................................................................................... 8
SMS OTP ........................................................................................................ 7
SMS認証 ........................................................................................................ 16
Synced Passkey ➡ 同期パスキー

**T**
Time-Based One-Time Password ➡ TOTP
TOTP（Time-Based One-Time Password）.............................................. 9
TPM（Trusted Platform Module）................................................................ 42
Trusted Platform Module ➡ TPM

**U**
U2F ➡ FIDO U2F
UAF ➡ FIDO UAF
User Presense Test ➡ ユーザー存在テスト
User Verification ......................................................................................... 25
User Verification ➡ ローカルユーザー検証
User Verifiedフラグ ➡ UVフラグ
User Verifying Platform Authenticator ➡
　ローカルユーザー検証機能付きプラットフォーム認証器
UV（User Verified）フラグ .......................................................................... 41

**V**
Verifiable Credentials ................................................................................ 190

**W**
W3C（World Wide Web Consortium）...................................................... 195
WebAuthn ..................................................................................................... 22, 194
WebAuthn API ............................................................................................. 87, 114
WebKit ........................................................................................................... 69
WebView ....................................................................................................... 71
Well-Known URL for Passkey Endpoints .............................................. 53, 168
Windows Hello ............................................................................................ 75
WKWebView ................................................................................................ 71
World Wide Web Consortium ➡ W3C

**あ**
アカウントのライフサイクル ................................................................... 45
アカウントリカバリ ................................................................................... 46, 188
アテステーション ➡ Attestation
エンドツーエンド暗号化 ........................................................................... 39
オリジン ➡ origin

## 索引

### か
クライアント ................................................................ 116
クロスデバイス認証 ........................................ 59, 66, 104
公開鍵 ............................................................................ 11
公開鍵暗号方式 ....................................................... 11, 19
公開鍵クレデンシャル .............................................. 23, 87
攻撃者 .............................................................................. 3

### さ
再認証 ............................................................ 48, 57, 102
署名の検証 ................................................................. 143
所有認証 ........................................................................ 7
生体認証 ........................................................................ 7
セキュリティキー ................................... 11, 33, 119, 177

### た
多要素認証疲労攻撃 ...................................................... 11
知識認証 ........................................................................ 7
チャレンジ ...................................................... 19, 87, 133
チャレンジ ➡ challenge
チャレンジ・レスポンス方式 ........................................ 19
ディスカバラブル クレデンシャル ............ 28, 34, 93, 127
データベースから公開鍵データの検索 ...................... 143
データベースから公開鍵に紐付くアカウントの検索 ... 143
データベースの公開鍵データの更新 ......................... 144
データベースへの公開鍵の保存 ................................. 136
デバイス固定パスキー ....................................... 31, 32, 33
デバイス認証 ................................................................ 24
同期パスキー ..................................................... 31, 32, 33
当人認証 ................................................................. 14, 46

### な
二段階認証 ...................................................................... 7
二要素認証 ...................................................................... 6
認証器 ................................................................... 22, 119
認証三要素 ...................................................................... 7
ノン・ディスカバラブルなクレデンシャル ........... 34, 150

### は
パスキー ........................................................................ 28
パスキー作成リクエスト ............................. 87, 91, 123
パスキー作成レスポンス ..................... 87, 91, 94, 129
パスキー認証リクエスト ............................. 89, 98, 137
パスキー認証レスポンス ................. 99, 100, 102, 138
パスキーの管理画面 .................................... 48, 60, 108
パスキーの定義 ............................................................. 32

229

| | | |
|---|---|---|
| | パスキープロバイダ | 30, 72 |
| | パスワード | 2 |
| | パスワードマネージャー | 4, 30, 72 |
| | パスワードレス認証 | 15 |
| | 秘密鍵 | 11, 19 |
| | フィッシングサイト | 4 |
| | フィッシング耐性 | 9, 36 |
| | フォームオートフィル | 56, 100, 104 |
| | プッシュ通知を使った二要素認証 | 10 |
| | ブラウザ | 68 |
| | プラットフォーム認証器 | 24, 119 |
| **ま** | マジックリンク | 15 |
| | 身元確認 | 14, 46, 189 |
| | メールOTP | 9 |
| **や** | ユーザーエージェント | 68 |
| | ユーザー存在テスト | 12, 120 |
| | ユーザー存在テスト結果の検証 | 136 |
| **ら** | リアルタイムフィッシング | 9 |
| | レジデントキー ➡ Resident Key | |
| | ローカルユーザー検証 | 25, 120 |
| | ローカルユーザー検証機能付きプラットフォーム認証器（User Verifying Platform Authenticator、UVPA） | 120 |
| | ローカルユーザー検証結果の検証 | 136, 144 |
| | ローミング認証器 | 24, 119, 145 |
| **わ** | ワンタイムパスワード | 8 |
| | ワンボタンログイン | 54, 97 |

## 著者プロフィール

### えーじ　KITAMURA Eiji

ブラウザ開発チームでWeb開発者向けの技術を啓蒙。Credential Management API、WebOTP、WebAuthn、FedCM、Digital Credentialsなど、ブラウザのサポートするアイデンティティ・認証関連APIの啓蒙チームをグローバルでリードする。

X：@agektmr

### 倉林 雅　KURAHAYASHI Masaru

OpenIDファウンデーション・ジャパン 理事・エバンジェリスト。OpenID / OAuth技術の啓発・教育活動に携わる。長年にわたり某インターネット企業にて認証・認可基盤の開発を経験し、現在はプロダクトマネージャを担当。

X：@kura_lab
GitHub：kura-lab

### 小岩井 航介　KOIWAI Kosuke

米国OpenID Foundation理事。OpenIDファウンデーション・ジャパン KYC WGリーダ。
FIDOアライアンス、W3Cにも参加中。所属先企業ではID・認証に関する実装・運用と、新技術全般に関する検証、活用検討を担当。デジタル庁DIW（デジタルIDウォレット）アドバイザリーボード構成員。

GitHub：kkoiwai

| | | |
|---|---|---|
| 装丁・本文デザイン | ……………… | 西岡 裕二 |
| レイアウト | ……………… | 酒徳 葉子（技術評論社） |
| 本文図版 | ……………… | スタジオ・キャロット |
| 編集 | ……………… | 菊池 猛 |

WEB+DB PRESS plusシリーズ

# パスキーのすべて
## 導入・UX設計・実装

2025年2月8日　初版　第1刷発行

| | | |
|---|---|---|
| 著者 | ……………… | えーじ、倉林 雅、小岩井 航介 |
| 発行者 | ……………… | 片岡 巌 |
| 発行所 | ……………… | 株式会社技術評論社 |
| | | 東京都新宿区市谷左内町21-13 |
| | | 電話　03-3513-6150　販売促進部 |
| | | 　　　03-3513-6177　第5編集部 |
| 印刷／製本 | ……………… | 日経印刷株式会社 |

●定価はカバーに表示してあります。

●本書の一部または全部を著作権法の定める範囲を超え、無断で複写、複製、転載、あるいはファイルに落とすことを禁じます。

●造本には細心の注意を払っておりますが、万一、乱丁（ページの乱れ）や落丁（ページの抜け）がございましたら、小社販売促進部までお送りください。送料小社負担にてお取り替えいたします。

●お問い合わせ

　本書の内容に関するご質問につきましては、下記の宛先まで書面にてお送りいただくか、小社Webサイトのお問い合わせフォームからお願いいたします。お電話によるご質問、および本書に記載されている内容以外のご質問には、一切お答えできません。あらかじめご了承ください。

　また、ご質問の際には「書名」と「該当ページ番号」、「お客様のパソコンなどの動作環境」、「お名前とご連絡先」を明記してください。

〒162-0846
東京都新宿区市谷左内町21-13
株式会社技術評論社　第5編集部
『パスキーのすべて』質問係
URL https://gihyo.jp/book

　お送りいただきましたご質問には、できる限り迅速にお答えするよう努力しておりますが、ご質問の内容によってはお答えするまでに、お時間をいただくこともございます。回答の期日をご指定いただいても、ご希望にお応えできかねる場合もありますので、あらかじめご了承ください。

　なお、ご質問の際に記載いただいた個人情報は質問の返答以外の目的には使用いたしません。また、質問の返答後は速やかに破棄いたします。

©2025　えーじ、倉林雅、KDDI株式会社
ISBN 978-4-297-14653-5 C3055
Printed in Japan